화학으로의 초대

처음 배우는 사람을 위하여

전파과학사는 독자 여러분의 책에 관한 아이디어와 원고 투고를 기다리고 있습니다. 디아스포라는 전파과학사의 임프린트로 종교(기독교), 경제·경영서, 일반 문학 등 다양한 장르의 국내 저자와 해외 번역서를 준비하고 있습니다. 출간을 고민하고 계신 분들은 이메일 chonpa2@hanmail.net로 간단한 개요와 취지, 연락처 등을 적어 보내주세요.

화학으로의 초대
처음 배우는 사람을 위하여

–
초판 1쇄 1986년 05월 10일
개정 1쇄 2023년 05월 16일

–
지은이 사키카와 노리유키
옮긴이 박면용
발행인 손영일
디자인 강민영

–
펴낸 곳 전파과학사
출판등록 1956. 7. 23 제 10-89호
주   소 서울시 서대문구 증가로18, 204호
전   화 02-333-8877(8855)
팩   스 02-334-8092
이메일 chonpa2@hanmail.net
홈페이지 www.s-wave.co.kr
공식 블로그 http://blog.naver.com/siencia

ISBN 978-89-7044-600-4 (03430)

화학으로의 초대

처음 배우는 사람을 위하여

사키카와 노리유키 지음 | 박면용 옮김

전파과학사

이 책의 맨 첫 장을 읽어보면 알게 되겠지만 오늘날의 모든 과학의 진보나 기술혁신의 기초에는 화학 영역에서의 커다란 진보가 깔려 있다. 그 중요한 화학의 개요를 이해하고 싶다는 욕망이 일반적으로 강하지만 본래 화학이라는 학문의 영역은 매우 광범하고 또 전문 분야가 세분화되어 있어 물리학과도 겹쳐져 있는가 하면, 생물학이나 의학과도 관련된 분야가 있다. 더욱이 화학공업까지를 생각한다면 어디에다 초점을 맞춰야 할지 판단이 잘 서지 않을 때가 많을 것이다. 그럴 때 화학이라는 학문의 본질을 좀 더 요령 있게 이해해 주었으면 하는 목표에서 이 책을 써 보았다.

화학 전반을 통해 법칙을 생각하는 분야를 일반화학, 화학서론 또는 화학 입문 등이라고 부른다. 이 책의 내용도 그런 종류에 속하는 것이라고 생각해도 무방하다. 화학이라는 학문의 참모습을 일반 사람들이 알아주고 화학에 대해 친근감을 가져 주었으면 해서 화학으로의 초대라는 마음을 품고 써보았다.

화학이라는 학문은 물질의 성질과 구조, 변화를 다루는 학문이라고 정의되어 있다. 그래서 이 정의를 만족시키면서 화학을 쉽게 이야기해 보려고 시도했으나 이 얄팍한 책으로 큰 효과를 기대하기는 무리일 것이므로 내용의 많은 비중을 물질의 성질이 그 미세구조를 기반으로 해서 출현한다는 데 두기로 했다. 원자의 구조와 화학결합의 메커니즘, 그리고 그것에 의해서 생기는 분자의 구조, 이러한 원인으로 생긴 물질의 거시적인 성질 등을 문제로 삼아가면서 화학이라는 학문의 모습과 성격을 부각해 보려고 했다.

기술혁신 아래 있는 오늘날의 화학은 물질의 미세구조를 차례로 밝혀내 그 구조와 물질의 성질과의 관계를 밝혀가고 있다. 이를 통해 X선회절법, 전자회절법, 질량분석기, 라만스펙트럼, 적외선스펙트럼 등에 의한 분석이나 핵자기공명, 전자스핀공명 등 새로운 무기를 구사한다. 그리고 그들의 결과를 바탕으로 해서 화학은 시대가 바라는 성질을 갖춘 새로운 화합물의 합성으로 전진한다. 이것이 오늘날 화학의 참모습이 틀림없다.

새로운 화학이라고 하지만 화학계의 토픽을 쫓아 해설하는 것은 아니다. 또 새로운 화학제품을 소개하려는 것도 아니다. 이 책은 화학의 본질을 파악하는 데 중점을 둔다. 이 책을 통독함으로써 화학의 본질의 일단을 파악해 준다면 필자로서는 더없는 기쁨이다.

지은이

차례

1장

기술혁신에서의 화학의 역할

1. 기술혁신에서의 화학의 역할

모든 기술혁신의 기초

필자는 화학 분야 이외의 영역으로 나가려는 학생을 대상으로 화학 강의를 하기도 하고, 또 지방의 강연회 등에서 화학기술이나 화학공업에 관한 이야기를 할 때가 있다. 그럴 때 언제나 필자가 첫머리에 꺼내는 이야기를 여기서도 먼저 말해 두고 싶다. 그것은 화학 분야에 종사하는 사람의 아전인수(我田引水)라고 할지도 모르겠으나 어떤 영역의 기술을 들춰 보더라도 그 진보의 전제나 기초로서 반드시 화학의 진보가 존재하고 있다는 사실이다.

오늘날은 문자 그대로 기술혁신의 시대이다. 가속도로 진보하고 있는 과학이나 기술에 의하여 우리의 일상생활은 급속한 변화를 이루어 나가며 그것에 따라 산업의 형태가 달라지고 사회의 모습마저 큰 변화를 보여주고 있다. 그 양상은 현재 제2의 산업혁명이 진행 중이라는 말로써 표현되고 있는데 그와 같은 기술혁신의 전제로는 언제나 화학의 진보가 가로놓여 있다는 사실을 잊어서는 안 된다고 생각한다.

항간에서는 오늘날의 과학기술의 주역으로서 우선 스페이스 셔틀(space shutle), 통신위성, 달로켓 등의 우주 개발을 생각할지도 모른다. 또 전자계산기나 텔레비전, 오토메이션(automation) 등으로 현란한 꽃을 피우고 있는 일렉트로닉스(electronics)를 생각할지도 모른다. 그렇지 않으면 원자력 개발을 떠올릴지도 모른다. 그것은 진실임에 틀림없다. 그러나 곰곰이 생각해 보면 제각기 새로운 화학기술을 기초로 해서 탄생했다는 것을 알게 된다.

우주 로켓의 예

우선 인공위성이나 우주 로켓이 궤도에 진입하기 위해서는 강력한 로 켓엔진이 필요하다. 그리고 로켓에 의해 우주선이 제1 우주 속도인 초속 8 ㎞, 다시 제2 우주 속도인 초속 11.2㎞의 속도가 주어지기 위해서는 특히 강력한 로켓추진제의 개발이 필요하다는 것은 더 말할 필요도 없다. 이 로 켓추진제 즉 로켓연료는 화학계의 새로운 연구 과제이며 그 연구를 통해 탄생한 산물이라고 할 수 있다.

로켓연료는 연료라고는 하지만 종래의 엔진이나 노에서 태워지는 연료 와는 성질을 달리하고 있다. 로켓은 공기가 없는 대기권 밖에서도 날 수 있 으므로 산화제(酸化劑)와 연료가 혼합된 것을 사용한다. 예를 들면 액체 연 료로켓이라면 산화제로는 액체산소, 과산화수소(H_2O_2), 질산(NHO_3)이라는 물질이 쓰이고, 그것에 의하여 연소될 상대 연료로는 알코올류, 히드라진 수화물, 메틸히드라진, 또는 아닐린 등의 화합물이 사용된다. 더욱 고성능 인 추진제로는 산화제로서 액체 플루오르가 사용되거나 하고, 연료로서는 붕소화수소류의 보란(boran) 등 희귀한 화합물이 쓰이기도 한다. 이것들은 벌써 연료라는 개념과는 거리가 멀어진 특수화합물이라는 양상을 드러내

그림 1-1 | 우주선은 바로 화학의 정수

고 있는 셈인데, 이들에 의해서 비로소 로켓이 인공위성을 궤도에 올려놓거나 달에 우주선을 보내고 있는 것이다. 즉 그것은 전적으로 화학의 역할이라고 할 수 있다.

이런 사정은 연료만이 아니다. 로켓의 탄체(彈體)나 탄두(彈頭) 등의 재료, 그리고 연소실의 재료 등도 마찬가지이다. 로켓은 공기 속을 날아가면서 공기의 압축열이나 공기와의 마찰열에 의해서 그 탄체, 특히 탄두부가 극히 높은 온도에 도달한다. 그것은 아마도 약 5000℃에까지 달하겠는데 아무리 단시간이라고 하더라도 그 온도에서는 모든 재료가 용융되고 다시 증발해서 저 밤하늘에 화선을 그으면서 날아가는 유성과 같은 운명을 밟게 되는 온도이다.

그렇지 않아도 대기권 밖의 공간에 로켓을 쏘아 올린다는 불가능한 일을 가능하게 하기 위해서는 먼저 초고온에 견디는 내열재료(耐熱材料)의 개발이 필요하다. 이렇게 산화지르코늄, 산화티탄, 탄화우라늄 등의 녹는점이 특히 높은 내열재료인 자기(磁器)가 개발되었고, 다시 그것에 강도를 주기 위해서 금속재료와 혼합한 테르밋(thermit)이라는 새 재료가 탄생했지만 그래도 대기권을 통과하기까지 그 재료들마저도 견뎌낼 수 없는 높은 온도가 되어 버린다.

그렇다면 어떻게 하면 좋을까? 이것을 견뎌내는 데는 어떤 냉각제(冷却劑) 같은 재료를 쓰지 않으면 안 될 것 같다. 예를 들면 다공성내열자기(多孔性耐熱磁器) 내부에 분해열, 기화열 등으로 열을 빼앗는 플라스틱 종류를 삼투시켜 두고 그것으로 로켓이 대기 속을 통과하는 시간 동안 탄두의 재료가 녹는 것을 막을 수 있는 수단 등이 취해지게 된다.

물론 로켓의 탄체재료도 가볍고 강도가 크며 더구나 녹는점이 높은 금속재료가 요구되는데 그러기 위해서 티탄합금 등과 같은 금속재료가 중요한 역할을 하게 된다.

이것도 화학 분야의 일 중 하나가 될 것이다.

일렉트로닉스의 심장도

이러한 이유로 우주 개발의 기초는 화학기술의 진보에 있다고 필자는 주장하고 싶은데 이것에 대해서는 일렉트로닉스야말로 우주 개발의 열쇠라고 주장하는 견해도 나올 법하다고 생각한다. 즉 로켓의 운행을 정확하게 제어하여 예정 궤도에 올려놓는 것은 레이더이며 로켓에 실려 있는 속도나 방향의 제어용 회로와 극히 짧은 시간 안에 궤도 수정을 계산하는 데는 소형 전자계산기가 아니면 안 된다. 또 많은 정보를 기억한 집적회로 IC의 역할도 있을 것이다. 그리고 전파를 발사하여 항상 그 위치를 지상에 알리고, 관측한 재료를 전파로 바꾸어서 지구 위의 기지로 보내오는 것도 마찬가지로 일렉트로닉스의 일이기 때문이다.

그러나 비록 그렇다고는 해도 그 일렉트로닉스의 심장인 트랜지스터 등을 생각한다면 게르마늄(Ge), 규소(Si) 등의 반도체물질은 모두 새로운 화학기술의 진보로 탄생한 재료인 것이다. 그러나 단지 게르마늄이라는 원소가 있다는 것만으로는 트랜지스터를 만들어 낼 수는 없다. 게르마늄이

그림 1-2 | IC(집적회로)가 현대사회를 크게 바꿔간다

99.9999999%라는 초고순도가 되지 않으면, 이것을 통해서 전자가 미묘한 동작을 하게끔 만들 수는 없다. 그리고 이 정도의 순도가 어느 정도 굉장한 것인가는 보통 우리가 다루는 순수물질이라는 것이 금이든 납이든 또는 구리든 간에 우선 99.99% 정도의 것에 불과하다는 것을 생각하면 쉽게 상상될 것이다.

더욱이 태양전지에 사용되는 규소에는 99.999999999%, 소위 일레븐 나인(eleven nine)이라는 초고순도가 요구된다. 이러한 순도의 금속을 제조하는 데는 그것에 쓰이는 시약(試藥)류도 그것과 마찬가지로 고순도의 것이 아니면 안 되며 그와 같은 약품류를 다루는 용기나 장치 등의 재료도 각각 그것에 대응할 수 있는 성질을 갖추고 있지 않으면 안 된다. 유리도 금속도 도자기(陶磁器)도 그 표면으로부터는 극히 미량의 물질이 내용물에 녹아들어 갈 염려가 있으므로 부적당하다고 한다. 그러므로 이와 같은 고순도물질을 제조하기 위한 전제로서 먼저 탄소와 수소만으로 구성되어 있는 폴리에틸렌(polyethylene)과 같은 플라스틱 재료의 발달이 있었다는 점에 생각이 미친다면 화학기술의 진보가 앞질러 있다는 것이 이해될 것이다.

원자력 개발의 경우

원자력 개발에 대해서도 마찬가지이다. 원자력 발전소의 원자로 속에서 핵분열의 연쇄반응이 가능해지기 위해서는 그것에 쓰이는 우라늄(U)에는 붕소의 존재가 1000만분의 1, 즉 0.1ppm 이하밖에는 허용되지 않는다. 그것은 미량의 붕소라도 다량의 중성자를 흡수하여 연쇄반응이 원활하게 진행되는 것을 방해하기 때문이다. 그리고 원자로 속에서 중성자의 감속재(減速劑)로서 사용되는 흑연에도 마찬가지이므로 이것들의 정밀한 제조기술은 고도의 화학 진보에 의존하고 있다는 것이다. 그러나 원자력 개발의 경우는 훨씬 더 많은 화학기술의 구사(驅使)가 필요하다. 천연 우라늄에서 0.7%밖에 포함되어 있지 않은 동위원소 우라늄 U235를 분리하기 위해서 6플루오르화 우라늄이라는 기체의 화합물을 만들어내 이것을 기체확산법(氣體擴散法)을 이용한 복잡한 장치로서 차츰 6플루오르화 우라늄 235의 형태로 농축(濃縮)을 진행해 나가지 않으면 안 된다.

거기에다 원자력의 경우에는 방사능과의 싸움이 일어난다. 원자로 속에

그림 1-3 | 원자력 개발은 고도의 화학기술이 떠받쳐 주고 있다

서 생성된 핵분열의 부산물은 모두 강한 방사능을 가진 라디오 아이소토프, 즉 방사성 동위원소이다. 그 때문에 원자로 안의 쓰고 난 뒤의 연료의 내용물을 구분해서 우라늄을 회수하고 플루토늄(Pu)을 분리하고 다시 부산물인 방사성 동위원소를 끄집어내 이용하려면, 그 화학 조작들을 모두 원격조종으로 하지 않으면 안 된다. 그러기 위해서는 방사화학(放射化學) 면에서 많은 기술적 연구가 요구되었던 것은 말할 것도 없다. 더구나 한편에서는 강한 방사선이 많은 물질에 큰 영향을 준다. 그래서 원자로에 쓰이는 재료는 모두 방사선에 변질되지 않는 물질을 선택해야 하고, 또 열에도 강하며 중성자의 흡수가 적은 것을 사용해야만 한다는 점에서 원자로의 재료에도 어려운 문제가 많이 따르게 된다. 원자력 개발에는 물리학자나 기계기술자보다도 화학자나 화학공업 기술자가 특히 중요하다는 이유가 여기에 있다.

제트기를 가능하게 한 것

항공기의 기술만 하더라도 비슷한 사정이 있는 것으로 생각한다. 항공기도 급속한 발달을 이루어 오늘날 음속의 2배를 넘는 속도를 내는 SST(supersonic transportation)라 불리는 여객기가 출현했다. 물론 동력은 제트엔진인데 제트기든 터보프롭(turbo propeller engine의 준말)기든 그것이 실현되기 위해서는 연료의 연소가스로 직접 터빈을 회전시키는 이른바 가스터빈이 필요했다.

내연기관에서 혼합기체의 폭발로 피스톤을 동작하는 방식을 대신해서, 직접 날개차를 돌리는 터빈식 엔진이 생긴다면 효율이 높아질 것이고 연료에도 옥탄값이 높은 특별한 분자구조를 가진 탄화수소가 요구되는 등의 귀찮은 일이 없어지고 경제성이 큰 연료가 등장하게 된다. 그런데 가스 터빈이라는 원동기의 설계는 반세기 전부터 되어 있었는데도 재료에 난점이 있었다. 가스 터빈에서는 수백 ℃라는 온도에서 터빈차가 작열하면서 1분간 10000~30000회전이라는 고속도로 돌아가지 않으면 안 된다. 그러나 이런 속도로는 날개에 큰 원심력(遠心力)이 가해지기 때문에 대개의 재료인 경우에는 늘어나서 금방 파괴되어 버리는 것이다.

그런데 항공기 엔진의 배기에는 700℃에서 800℃라는 온도가 남아 그대로 대기 속에 방출된다. 만약 이 에너지를 회수하여 동력에 보탤 수 있게

그림 1-4 | 눈에 익은 제트기도 어떤 문제점을 극복했기 때문에 실현됐다

된다면 항공기의 속도와 항속 거리가 두드러지게 개량될 수 있다는 것을 알고 있었다. 이것을 위해서는 배기가스 터빈을 장치하면 되는데, 제2차 세계대전 무렵까지만 해도 금속재료기술이라는 점에서 그것이 쉽게 실현되지 못했다. 당시 일본에서도 이 연구를 하고 있었으나 고크롬(Cr) 강 정도로는 도저히 쓸모가 없어 가스 터빈은 끝내 등장하지 못했다. 그런데 미국에서는 이것을 성공시켜 배기가스 터빈을 B29 폭격기에 장치하여 그 결과 사이판(Saipan)섬이나 티니안(Tinian)섬에서 일본 본토를 폭격하고 돌아갈 수 있게 되었다. 그렇게 일본은 초토화되고 패배하고 말았다.

이렇게 비행기의 배기가스 터빈이 성공을 거두자 그것은 곧 터보제트 (turbojet)의 실현을 가능하게 했다. 제트기는 분사 가스의 반동으로 추진력을 얻는데 이 가스의 힘의 일부분을 이용해서 가스 터빈을 돌리고 그것으로 공기압축기가 움직이게 된다. 이 터빈의 재료가 개발되자마자 제트기가 등장했던 것은 당연한 일이다. 그렇다면 이 재료로 쓰인 것이 무엇이냐 하면 그것은 코발트(Co)가 30%, 니켈(Ni)이 30%, 크롬이 30%, 그 밖에 티탄 (Ti)이나 알루미늄(Al) 또는 니오브(Nb) 등의 금속을 가한 합금이었다. 그것은 벌써 특수강 따위의 철의 합금이 아니었다. 이와 같은 내열성 합금은 더욱 연구, 개발되어 그 결과가 오늘날 하늘의 초스피드 시대를 낳게 했던 것이다. 이것은 비록 금속재료이기는 하지만 야금(冶金)이나 금속공학이라는 것도 역시 화학기술의 일부라 해도 좋을 것이다.

일상생활을 변혁시킨 새 화학제품

이렇게 기술혁신은 재료혁신이라고도 불리며 화학의 기술에 힘입은 바가 크다. 그리고 기술혁신의 속도는 오늘날 문자 그대로 가속도적이라 말할 수 있는데, 그 결과 눈이 어지러울 만큼 출현하는 갖가지 새로운 제품은 우리의 일상생활에 커다란 변혁을 가져오고 있다. 사실 그 모습은 우리 주위를 돌아보기만 해도 쉽사리 관찰할 수 있는 것으로 우리의 생활은 5년 전, 10년 전, 20년 전을 돌이켜보면, 의식주의 모든 면에서 또 교통이나 통신수단을 포함하여 그 두드러진 변화에 놀라지 않을 수 없다. 이는 단지 화학의 진보에 의한 것이라기보다는 전혀 새로운 화학제품이 출현함으로써 큰 변화가 생기는 것이라고 말할 수 있다.

나일론의 출현

1938년에 미국 듀퐁(Dupont) 회사의 캐러더스(Wallace Carothers, 1896~1937)에 의해서 나일론(Nylon)이라 불리는 합성섬유가 발명되었다. 그것은 페놀(C_6H_5OH)과 암모니아(NH_3)를 원료로 해서 만드는 것으로 종래의 인견과는 달리 천연식물의 셀룰로스(cellulose)에서 완전히 벗어난 전적으로 합성화학의 산물이었다. 그래서 나일론은 「석탄과 공기와 물로써 만들어진 실」이라고 선전되었는데 이 합성화학의 새로운 재료가 갖는 성질은 천연섬유에서는 전혀 볼 수 없는 종류의 것이었다.

이를테면 그 강도는 무명, 비단, 양모, 삼(麻) 등의 어느 것과도 비교가 안 될 만큼 강해서 나일론의 출현으로 인해 양말은 해져서 못 신는 일이 없게 되었고 와이셔츠나 그 밖의 재료로도 사용되어 그 내구력이 두드러지게 증진되었다. 그래서 사람들은 양말을 깁는 번거로운 바느질에서 해방되었고 예비 와이셔츠도 필요하지 않게 되었다. 나일론 섬유는 친수성(親水性)이 작으므로 젖었을 때도 매우 짧은 시간에 마르기 때문에 예비 와이셔츠 없이 한 장만으로도 자기 전에 빨아두면 아침에는 새하얗고 말끔히 마른 것을 입고 나갈 수 있게 되었다. 이로 인해 우리의 의생활에 커다란 편리를 가져오게 되었다.

잇단 새 합성섬유의 등장

그러나 나일론에도 결점이 없는 것은 아니다. 물기를 잘 빨아들이지 않는다는 성질은 건조에 편리하지만 속옷 등으로 쓰면 수분이 잘 흡수되지 않아 더운 계절에는 땀을 빨아들이지 않아 곤란했다. 그래서 나일론에 이어 폴리에스터(polyester) 섬유인 테트론(tetron)이 개발되어 무명 등의 천연섬유와 혼방(混紡)함으로써 나일론의 결점을 제거하도록 개량되었다.

또 폴리아크릴로니트릴(polyacryllonitrile) 섬유가 양모를 대신하는 합성섬유로 등장하여 가볍고 보온성이 높으며 좀이 슬지 않는다는 특징 때문에 급속히 보급되었다. 올론(orlon), 카시밀론(cashimilon), 본넬(vonnel), 카네칼론(kanekalon), 엑슬란(exlan) 등의 명칭으로 팔리고 있는 것이 이런 종류의 섬유이다. 그리고 한편에서는 아세틸렌(acetylene)을 원료로 하는 폴리비닐 알코올(polyvinylalcohol) 섬유인 비닐론(vinylon)이 일본에서 개발되었는데 합성섬유로서는 제일 값이 싸고 무명을 대신하는 것으로 발달했다.

이렇게 갖가지 합성섬유가 나타난 결과 이미 우리는 동식물계의 천연 섬유 자원이 없더라도 의료(衣料)의 재료에는 곤란을 겪는 일이 없게 되었고 그것은 천연섬유 자원이 부족한 우리에게는 커다란 복음(福音)이 되었다. 하기는 합성섬유의 성질은 천연섬유의 우수한 성질을 모두 충족시킨다고는 할 수 없으므로 실질적으로 천연섬유를 구축해 버린 것은 아니다. 오히려 다른 영역의 섬유로서 발달했다고 말할 수 있겠는데 그래도 차츰 진

그림 1-5 | 합성섬유는 기술의 최첨단임은 물론 우리의 생활에 없어서는 안 될 것이 됐다

보, 개량되어 합성품의 강도와 천연품의 우수한 성질의 양면을 겸비한 섬유가 나타나고 있다.

식생활에의 공헌

의생활에 이어 식생활에서의 새 기술의 영향이라고 한다면 여러분은 합성식품을 떠올릴지도 모른다. 그러나 음식물에 관해서는 미각이 섬세하기 때문에 그렇게 간단하게 합성식품이 보급되리라고는 생각할 수 없다. 고래기름이나 면실유(綿實油)에 수소를 첨가해서 얻는 경화유(硬化油)는 마가린(margarine)이나 쇼트닝(shortening)의 원료에 쓰이고 있으므로 화학식품이라고 못할 것도 없다. 하기야 이것은 파라핀(paraffin)의 산화에서 출발했다고 한다면 진짜 합성식품이 될 가능성도 있을 것이고 또 석유분해로 얻는 에틸렌에서 에틸알코올을 제조하는 방법이 발효법을 대신하는 경향도 활발하므로 이미 석유화학에 의한 합성주류도 마시고 있을지 모른다.

그러나 그런 것보다도 화학은 식생활에서 비료, 농약 또는 비닐온상 등의 여러 농업기술을 통해 발전을 가져다준 점에서 새로운 공헌을 하고 있다고 하겠다. 물론 농약의 경우에는 결점도 드러나서 수은(Hg)중독이나 유용동물에 피해 등이 생기고 있지만 그 대부분은 마찬가지로 새로운 화학으로써 해결할 수 있게 되었다. 그리고 화학은 이 밖에 냉동용의 냉각제 프레온(freon) 또는 냉장고의 보온재 폴리우레탄포름(polyurethaneform)이나 유리섬유 등의 형태로 식품 보존기술로서 식생활에 영향을 주고 있는 점도 빠뜨려서는 안 될 것이다. 또한 합성세제에 대해서도 마찬가지인데 중성 세제 ABS, 즉 알킬벤젠술폰산(alkylbenzene sulfonate)은 공과(功過)의 양론이 있으나 부엌일에 혁명을 가져온 사실만은 부정할 수 없을 것이다.

진보하는 건축재료의 개발

의·식 다음에는 주(住)인데 주생활의 화학을 거론할 경우 오늘날의 주택이나 빌딩이 얼마나 화학의 진보가 가져다준 건축재료, 가구재료를 쓰게 되었는가를 상기한다면 족할 것이다. 시멘트는 말할 것도 없이 화학공업제품이다. 시멘트가 화학제품이라고 한다면 오늘날의 근대도시는 모두 화학이 쌓아 올린 것이라고 할 수 있다. 그리고 이 시멘트도 역시 일진월보로 강도나 내수성이 개량되고 속건성(速乾性)이 강화되는 등 끊임없는 연구가 가해지고 있다.

그러나 건축재료로서 특히 눈부신 발전을 하고 있는 것은 플라스틱류일 것이다. 염화비닐(vinyl chloride)의 타일, 멜라민(melamine)수지의 선반이나 테이블, 널판지, 경질폴리에틸렌이나 폴리프로필렌(polypropylene)의 가구재료, 발포폴리스티렌, 발포폴리우레탄 등의 방음·보온재료 등 단단하고 깨지기 힘든 폴리카보네이트(polycarbonate) 유기유리 등 갖가지 플라스틱류가 집이나 빌딩 속에 파고 들어가 있다.

그림 1-6 | 화학공업의 발전은 우리 생활을 크게 바꾸어 놓는다

이와 관련해 무기재료로 만든 유리도 많이 퍼지고 있다. 갈라지지 않는 강화유리, 내열유리 또는 유리섬유로 된 직물이 불연성 커튼지 등으로 등장했고 또 유리섬유와 플라스틱의 조합이 새로운 건축재료를 개발해 나간다. 또 플라스틱계 접착제의 발달이 건축의 시공에 변혁을 가져오게 되어 주생활은 더욱더 화학의 새 기술에 의존하는 면이 증대해 갈 것이다.

가정연료는 편리한 액체연료로

주와 결부된 건축재료는 아니지만, 연료의 존재 또한 잊을 수가 없다. 석탄, 장작, 숯 따위의 고체연료가 석유제품의 액체연료로 옮아가고, 다시 액화석유가스(LPG; liquefied petroleum gas)인 프로판(propane), 부탄(butane)
이 급속도로 보급되고 있다. 프로판을 사용하는 세대가 증대하고 가정생활
이 두드러지게 근대화되었는데 이것 또한 화학에 관한 기술혁신의 산물이
라고 할 수 있을 것이다.

인간의 수명을 크게 연장

의식주와 직접 결부되는 것은 아니지만 우리 신변에서 일어난 과학
의 혜택으로서 크게 떠들고 있는 것은 의학의 두드러진 진보이다. 최근 의
학의 진보는 인류의 수명을 단시일 동안에 10% 이상이나 연장하는 데 성
공했다. 그것은 화학요법제인 술파민(suifamine)제를 비롯하여 페니실린
(penicillin), 스트렙토마이신(streptomycin), 클로로마이세틴(chloromycetin)
등 각종 항생물질이 종래 치료약이 없었던 연쇄구균, 포도구균, 폐렴균 등
을 정복하여 폐렴, 패혈증, 산욕열(産褥熱) 등에 의한 사망률을 격감시키고,
결핵의 치유를 쉽게 해서 그 사망률을 두드러지게 감소시켰다. 또 비타민
류가 건강의 향상에 크게 이바지했는데 그들의 결과가 세계 인류의 수명을
크게 연장하게 되었다. 이와 같은 의술의 진보는 이 약제들의 발견, 추출분
리, 그리고 합성에서 화학기술이 해낸 커다란 업적이었다고 볼 수 있다.
　　마찬가지로 외과수술의 두드러진 진보의 배후에도 화학이 도사리고 있
는데 수술에서 화농 방지에 항생물질이 대량으로 투여되고 또 수술재료에

그림 1-7 | 의학, 의술의 진보는 화학이 떠받쳐 주고 있다

혈관접합을 위한 탄탈(Tantal)의 호치키스, 또는 강력하면서도 급속히 작용하는 시아노메타아크릴(cyanometaacryle)계 접착제의 개발, 인공혈관에 폴리에스터섬유의 응용, 인공신장용 이온 교환 수지 그리고 마취제의 진보 등을 생각하면 내과, 외과 등 모든 의학의술의 진보가 화학의 발전에 크게 힘입었다는 사정을 이해할 수 있을 것이다.

2장

화학이 이룬 역사적 역할

2. 화학이 이룬 역사적 역할

오늘날 화학의 진보가 모든 영역의 과학이나 기술의 발달을 촉진하고 우리의 일상생활에서 생산기술, 교통기관 또는 의학에까지 커다란 변혁을 일으키게 하여 제2의 산업혁명을 추진해 나간다고 말했는데, 이와 같은 현상은 비단 현대에서만의 현상은 아니다. 그것은 과거에도 그러했고, 또 미래에도 마찬가지일 것이므로 더 논할 바가 아니라고 생각한다. 여기서 과거의 역사에서 화학이 수행한 역할을 돌이켜 보기로 한다.

연금술이 가져다준 것

화학이라는 학문 그리고 화학공업의 기술은 고대의 연금술이 그 바탕이 되었다고 생각하고 있다. 중세에는 철 등의 비금속을 금이나 은과 같은 귀금속으로 바꾸려는 연금술이 유행했다. 그러한 연구는 1000년 가까이나 계속되었는데 물론 철이나 돌 따위가 금으로 바뀔 턱이 없다. 18세기에 이르러서 근대화학의 탄생과 더불어 연금술은 부정되고 말았는데 연금술은 오랜 세월의 시행착오 과정에서 화학에 관한 많은 현상을 발견했고 또한 여러 가지 약품을 만들어내는 구실도 해 왔다. 오늘날의 화학에서도 없어서는 안 될 황산, 염산 등도 연금술사가 발견한 것이다. 그동안에 차츰 물질이 변화하는 모습을 밝혀나가 많은 화학법칙을 이끌어 내고 마침내 연

공기

아연

주석

석탄

납

은

구리

수은

황

그림 2-1 | 연금술사가 사용한 원소기호

금술 자체를 부정하는 동시에 근대화학의 기초를 이룩하게 되었던 것이다.

연금술이 언제부터 시작되었고 그 시조가 누구인지는 분명하지 않으나 연금술사라고 하면 반드시 8세기경 아랍의 게베르(Geber, 라틴 이름)란 이름이 나온다. 그의 본명은 자비르 이본 하얀(Abu Musa Jābir ibn-Hayyān, 721~776)으로 불리며 연금술사라고 하기보다는 오히려 화학자라고 하는 편이 더 적합한 인물이다. 그는 연금술을 통하여 많은 금속화합물의 제조법을 개발하거나 황산(H_2SO_4) 등의 약품을 발명했다. 아랍의 연금술은 게베르에 의해서 대표되고 있는데 많은 아랍인에 의해 활발하게 행해졌던 모양으로 아랍화학의 술어가 여러 가지로 오늘날에도 남아 있는 것 같다. 알코올, 알칼리 등과 증류기(蒸溜器)를 알렘빅(alembic)이라고 하는데 이것은 증류기술이 아랍에서 전해졌다는 것을 가리키는 것이다.

이처럼 연금술을 통해 여러 가지 화학기술이 탄생해 갔는데 한편에서는 그 사이에 차츰 물질의 성질이나 그 변화의 모습이 해명되었다. 그리고 금, 은은 물론 철(Fe), 구리(Cu), 탄소(C), 산소(O), 염소(Cl), 황(S) 그 밖의 모든 원소는 다른 원소로 변화한다는 것이 불가능하다는 사실이 밝혀졌고, 1774년 라부아지에(Antoine Laurent Lavoisier, 1743~1794)가 질량보존의 법칙을 확립했으며, 또 1803년에는 돌턴(John Dalton, 1766~1844)이 근대적인 원자론(原子論)을 발표하여 이윽고 연금술은 종지부를 찍게 되었다. 그러나 근대적인 화학의 여러 법칙도 역시 연금술을 통한 반복된 시행착오에서 성립된 것으로 결국 연금술 1,000년의 연구는 결코 헛된 것이 아니었다는 결론이 된다.

생활이 급속히 변한 18세기

그런데 연금술과 관련해서 발달했다고 말할 수 있을지 어떤지는 별문제로 하고 아무튼 금속의 제련, 유리의 제조, 비누, 염색 그리고 의료용 약품 등 화학기술은 사실상 상당히 오래전부터 인간 생활에 파고들어 있었을 것이다. 이는 화학이라는 학문의 응용과는 별도로 각각 진보의 자취를 더듬어 가면서 인류의 문화를 차츰 발전시키는 역할을 한 것이 확실하다. 이로 인해 18세기경부터 비약적인 발달을 보여 이른바 산업혁명을 촉진하는 역할을 하게 되었던 것이다.

연금술에서 시작하여 화학을 연구하는 일은 일찍이 아랍으로부터 유럽으로 옮겨 가버렸지만, 유럽은 다른 학문이나 기술에서도 세계의 다른 지역에 앞서 급속한 발달을 이룩하게 되었다. 특히 영국, 프랑스, 독일 등은 유럽 내에서도 물질문명의 선진국이 되었던 것이다. 그러나 사실 이 나라들도 18세기 이전에는 그 국민의 생활 수준이 오늘날에 견주어 상당히 낮았다고 할 수 있다.

몇 달이나 걸린 무명의 표백

그들의 의식주 생활을 생각해 보더라도 그것은 꽤 궁핍한 것이었다. 비단과 양털은 보물 같은 존재였고, 무명마저 값이 비쌌던 이 시대의 의복용 재료는 매우 부족해서 서민은 바랜 무명조차 충분히 손에 넣을 수가 없었다. 서민들이 손에 넣을 수 있는 섬유제품은 무명에 한정돼 있었을 터인데, 그것마저도 꽤 귀했다는 것은 무명을 바래는(漂白) 공정에 대단한 시간과 돈이 들었기 때문이다. 이를테면 영국에서는 무명을 표백하는데 먼저 무명을 나무재(木灰)로 만든 잿물에 담가 알칼리성이 되게 한 다음 그것을 넓은 잔디 위나 풀밭에 펼쳐 햇빛을 이용하여 표백을 했던 것이다. 영국은 북위 50° 이북에 위치해서 햇빛이 약한 지방이기 때문에 이 표백공정에는 몇 달이라는 오랜 기간이 필요했고 또 표백이 끝난 무명은 알칼리성을 제거하기 위해서 우유를 발효시켜서 만든 젖산(lactic acid)에 적셔 중화시켰는데 이 중화공정(中和工程)에서도 몇 주일이 더 소요됐다고 한다.

연실법 황산제조법의 개발

따라서 무명이라고 한들 값비싼 것이었음은 당연한 일이었는데 그 표백을 단시간의 간단한 작업으로 해보겠다고 생각한 사람이 바로 리벅(John Roebuck, 1718~1794)이라는 청년 의사였다. 그는 의술보다도 발명이나 개발하는 일에 열중했는데 화학사상에 남는 리벅의 큰 업적으로 알려져 있는 것은 현대의 연실법(鉛室法)에 의한 황산제조법의 개발이었다. 오늘날 황산은 촉매를 사용하는 접촉식으로써 만들어지고 있으나 얼마 전까지는 연실

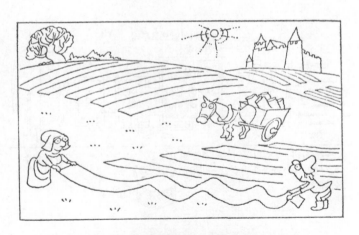

그림 2-2 | 비단과 양모는 보물, 옥양목은 귀중품이었다

법으로, 즉 커다란 연판(鉛板)으로 둘러친 방 속에서 이산화황을 산화시켜 삼산화황으로 만들고 그것을 물에 흡수시켜서 황산을 만드는 방식이었다. 이 방법으로 황산의 대량생산이 가능해졌고 그 후의 화학공업의 발전에 크게 도움이 되었다.

이렇게 해서 값싸게 대량생산을 할 수 있게 된 황산을 젖산 대신 사용하여 방금 표백한 무명 속에 스며 있는 알칼리성의 중화를 시도했던 바, 큰 효과가 있다는 것이 인정되어 그는 이것으로써 표백 목면의 제조공정을 상당히 단축하는 일에 성공했다. 그래서 리벅은 계속하여 나무재(木灰)의 알칼리에 대신할 암염의 염화나트륨으로부터 탄산소다를 만들어 사용하면 어떨까 하고 생각했다. 그러나 이 연구에 착수한 그는 끝내 성공을 거두지 못하고 재산을 탕진하여 파산하고 말았다. 그리고 이 연구는 나중에 프랑

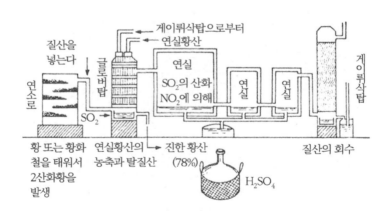

그림 2-3 | 연실법 황산제조법

스혁명 직전에 르블랑(Nicolas Leblanc, 1742~1806)이 성공시킬 때까지 개발되지 못했다.

그 당시 리벅의 조수로 있었던 사람이 증기기관으로 유명한 와트(James Watt, 1736~1819)였다. 와트는 본래 뉴커멘(Thomas Newcomen, 1663~1729)식 증기기관의 수리공이었는데 그것을 근대적인 증기기관으로 개량한 셈이다. 그는 그것에 관해서도 복수기(復水器), 크랭크샤프트(crankshaft), 조속기(調速機), 자동급탄기(自動給炭機) 등 실로 많은 발명을 했다. 그러나 그의 일은 기계공학에 그치지 않고 화학의 영역에도 파고들었던 것이다. 그는 리벅의 조수 일을 보면서 무명의 표백에 대해서도 큰 관심을 지니고 있었다.

염소를 잿물에 녹이다

그 무렵 프랑스의 베르톨레(Claude Louis Berthollet, 1755~1822)는 셸레(Carl Wilhelm Scheele, 1742~1786)가 발견한 염소의 성질을 조사하고 있었는데 우연히 염소를 나무를 태운 잿물에 녹였더니 강한 표백작용을 나타내는 현상을 발견했다. 이를 논문으로 써서 학술지에 발표했으나 별로 학계의 주의를 끌지 못했다. 그런데 이 논문에 주목한 사람이 바로 와트였다. 그는 베르톨레의 논문을 읽자 바로 프랑스로 건너가 그것을 만드는 방법을 베르톨레로부터 배웠다. 그리고는 스코틀랜드로 돌아와 나무 잿물에 염소를 뿜어 넣어 표백액을 만드는 방법을 직물업자들에게 전했다. 즉 이때 액

속에 생성된 하이포염소산 칼륨(KClO)이 표백작용을 하는데 이것은 이미 햇빛에 쬐일 필요가 없는 것이었다.

마침내 표백분이 탄생

스코틀랜드의 테넌트(Smithson Tennant, 1716~1815)는 더욱 편리한 약품을 발견했다. 그는 잿물에 염소를 녹여 표백제를 얻는 것이라면 석회를 물에 섞은 석회유(石灰乳)는 어떨까 하고 시험해 보았다. 그 결과 오늘날의 표백분이 탄생한 것인데 표백분을 물에 녹인 액에 원료 그대로의 무명을 담그자 무명은 금방 바래서 새하얗게 되었다. 몇 달이나 걸려 햇볕으로 바랠 필요가 없어진 것이다.

이 발명의 결과로 무명의 표백공정이 아주 간단해지고 표백무명 값이 당장에 떨어져 약 반세기 동안에 1/10 이하가 되어 버렸다. 이렇게 되자 면직물의 수요가 급격한 증가를 보여 그 때문에 직물공업에서는 종래의 기계로는 생산이 따르지 못하게 되었다. 그래서 케이(John Kay, 1733~1764)의 비저(飛杼: flying shuttle)나 아크라이트(Richard Arkwright, 1732~1792)의 자동방적기계 등이 위력을 발휘하고 또 그 동력으로써 와트의 증기기관을 활용하게 되었다. 이렇게 영국의 산업혁명이 촉진되었고 국민소득이 증대하여 생활 수준이 크게 향상되었다고 전해지고 있다. 황산, 표백분 등의 한두 가지 화학약품의 출현이 사회를 크게 발전시키는 역할을 한 것은 오늘날의

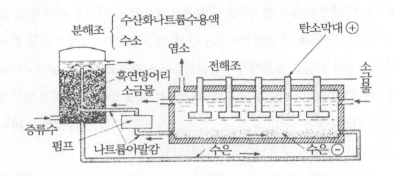

그림 2-4 | 수은법에 의한 수산화나트륨의 제조

기술혁신과 세상의 급속한 변화에 화학이 미치고 있는 영향과 비슷한 현상이라고 말할 수 있다. 더구나 무명이 수행한 역할과 오늘날의 합성섬유의 역할을 대비해서 생각해 보면 더욱 흥미로운 일이다.

소금에서 탄산소다를 제조

그런데 리벅은 식염에서 소다를 만드는 일에 실패하여 파산하고 말았다. 이 방법에 처음으로 성공한 것은 **르블랑법**으로 유명한 르블랑이다.

이때는 1775년 라부아지에가 질량보존의 법칙을 밝혀 근대화학의 탄생을 가져오게 한 이듬해였다. 이것과는 별로 관련은 없었겠지만 이 해 프랑스 과학아카데미(Académie des Sciences)에서는 식염에서 탄산소다를 제조하는 방법에 대해서 현상금을 내겠다고 발표했다. 이것은 큰 반향을 불러일으킨 모양으로 곧 여러 학자로부터 제안이 있었으나 그것은 모두 먼저 식염과 진한 황산을 작용시켜서 황산나트륨을 만들고 다음에 황산나트륨에 어떤 탄산염이나 탄소를 작용시켜 탄산나트륨을 만든다. 그리고 황산기는 석회를 사용하여 석고로서 고정하려는 사고방식이었는데 모두가 비능률적이거나 비용이 너무 많이 들어 채택되지 못했다.

1784년 프랑스의 의사 르블랑은 황산나트륨에 숯과 석회석을 섞어 아주 세게 강열해 보았다. 그 결과 가까스로 식염에서 소다를 제조하는 방법을 얻어 이 혼합물로부터 탄산나트륨과 석고가 생성되었다. 그리고 그와 공동으로 실험을 했던 데이비(Humphry Davy, 1778~1829)는 황산나트륨에 탄산칼슘을 가함으로써 탄산소다의 공업적 제조법에 성공했는데 이 방법의 특허권을 둘러싸고 두 사람 사이에 싸움이 벌어졌다.

아무튼 르블랑법은 얼마 후에 일어난 프랑스혁명으로 인해 그 공업화에 커다란 타격을 받았으며 이 방법은 그 후 프랑스가 아닌 영국으로 옮겨져 큰 성과를 올리게 되었다.

비누와 유리의 보급

르블랑법으로 식염으로부터 값싸게 탄산소다(탄산나트륨)를 얻을 수 있게 되자 소다를 필요로 하는 목면직물공업, 유리공업, 비누공업 등에 큰 이

익을 가져와 이러한 공업 분야가 크게 발전하게 되었다. 그 결과 유리와 비누의 값이 두드러지게 내려가면서 그전에는 귀중품에 속했던 이 물건들이 대중에게도 널리 보급되었다. 특히 단시일에 비누값이 1/4로 내려간 결과 일반 사람들이 비누를 손쉽게 사용할 수 있게 되어 손과 몸을 청결하게 할 수 있었고, 그에 따라 피부병이 줄어들고 쉽게 유행했던 이질이니 장티푸스 등의 경구전염병(經口傳染病)이 크게 줄어들었다. 또 산욕열(産褥熱) 등도 줄어들어 당시 단명했던 유럽인들의 평균수명이 갑자기 늘어났다고 한다.

이것은 그 무렵의 생명보험 통계에 나타나 있다고 하는데 어쩐지 오늘날의 화학요법이 세계 인류의 평균수명을 짧은 기간에 10년 이상이나 연장시킨 현상과 비슷한 느낌이 든다. 물론 비누뿐만 아니라 코호(Robert Koch, 1843~1916)나 파스퇴르(Louis Pasteur, 1822~1895)가 개발한 전염병균에 대한 살균소독이나 면역요법, 예방접종이 크게 효과를 거둔 것은 말할 나위도 없다. 그러나 소다의 대량생산에서 비롯된 비누의 보급도 확실히 무시할 수 없는 것이 사실이다.

화학의 역할은 산업혁명과 더불어 급속히 높아졌다. 석탄, 제철을 위한 코크스가 만들어지면서 이때의 부산물로서 석탄 가스와 물타르가 생성된다. 석탄가스는 머독(William Murdock, 1754~1839)에 의해 등용(燈用)가스로 쓰이게 되었다. 룽게(Friedlieb Ferbinand Lunge, 1839~1923)에 의해 콜타르로부터 벤젠(benzene), 아닐린(aniline), 나프탈렌(naphthalene) 등의 방향족(芳香族)화합물이 분리되어 그것을 사용하여 각종 염료를 인공으로 합성할 수 있게 되었다. 퍼킨(William Henry Perkin, 1838~1907)의 모베인(mauvein)

그림 2-5 | 석유는 세계 경제를 크게 발전시켰으나 그 반면에 공해라는 마이너스적인 면도 낳았다

합성에서 시작하여 아닐린계 염료가 연달아 합성됨으로써 여기서부터 유기합성화학이 탄생하게 되었다.

유기합성의 기술은 여러 가지 의약, 화약, 합성수지를 탄생시켰는데 쇤바인(Christian Friedrich Schönbein, 1799~1868)이 니트로셀룰로스(nitrocellulose)를 만들어내자 그것은 화약의 혁명뿐만 아니라 그것을 사용해서 하이엇 형제(John Wesley and Isaiah Hyatt)가 셀룰로이드를 개발하고, 샤르도네(Hilaire Bernigaud Chardonnet, 1839~1924)가 최초의 인견사를 탄생시켰다. 여기서부터 천연물에 의존하지 않는 인공재료의 발달이 시작되었다고 말할 수 있다.

19세기에 접어들어 리비히(Justus Freiherr von Liebig, 1803~1873)는 질소

(N), 칼륨(K), 인(P)이 식물 비료의 삼요소라는 것을 발견하여 농업에 커다란 진보를 낳게 했는데, 1908년에 하버(Fritz Haber, 1868~1934)가 공기 속의 질소와 물의 수소로부터 암모니아를 합성하는 방법을 실용화했다. 이 일은 역사상 독일이 질산칼륨에 의하지 않고서 질산을 만들어 화약을 공중질소로부터 제조할 수 있는 방법을 개발한 것으로 세계대전을 감행하는 실마리가 되었다고 하는데, 한편으로는 무한한 질소 비료의 공급을 가능케 한 것으로 인류의 식량문제에 막대한 공헌을 했다고 생각할 수 있다.

이 방법은 보시(Carl Bosch, 1874~1940)의 고압장치 설계가 그것을 성공으로 이끌었으며, 따라서 하버—보시법이라 불리며 이후 화학공업의 기술발달의 기초가 되었다. 여러 가지 의미에서 화학공업사(化學工業史)라기보다는 인류의 역사에 커다란 영향을 끼쳤다고 하겠다.

1923년에 슈타우딩거(Hermann Staudinger, 1881~1965)는 목재, 피혁, 섬유 등의 천연 유기재료가 지니는 특이한 강인성을 추구하여 그와 같은 성질은 그 물질이 갖는 거대분자에 유래하는 것임을 밝혔다. 커라더스(Wallace Hume Carothers, 1896~1937)는 이 사고방식을 기초로 하여 천연비단과 닮은 섬유를 찾아 폴리아미드나일론(polyamide nylon)을 만들어 내는 데 성공했다. 이리하여 1950년경부터 세계는 합성섬유, 합성플라스틱 시대로 접어들었다. 이렇게 세계 사람들의 생활양식에 커다란 변화가 일어났다고 하겠다.

그로부터 얼마 후 중동의 석유 개발에 의해 석유 붐 시대로 접어들고 석탄을 원료로 한 화학공업은 거의 석유의 탄화수소를 사용하는 석유화학으로 전환했다. 그리고 값싼 석유를 사용하여 화학공업에 커다란 발전이 일어나 세계 경제에 큰 성장을 가져다주었다.

그러나 인류의 지나친 대량의 생산활동은 연료에 의한 폐기가스와 화학공업의 폐기물로 인해 대기오염, 수질오염, 농수산물의 오염 등 공해를 발생시키는 결과를 불러왔다.

스모그의 발생, 유실되는 석유에 의한 해양오염, 메틸수은에 오염된 물고기로 인한 미나마타병(水俣病)의 발생, DDT에 의한 생물환경의 파괴 등의 피해가 생긴 것이다. 그리고 그것들에 대한 비판과 반성으로부터 공해 방지의 화학 개발이 추진되고 해로운 프로세스는 새로운 프로세스로 변환되는 등 그 개선책이 촉진되고 있다.

3장

물질과 에너지

3. 물질과 에너지

화학=물질+에너지

화학은 물질과 그 변화를 연구하는 학문이라 할 수 있을 것이다. 우리 주변에 또는 우리가 사는 지구 위에는 무수한 물질이 존재하고 있다. 이런 물질은 아마 지구가 탄생했을 당시는 상당히 한정된 종류에 지나지 않았을 것이지만 그것들이 서로 결합하거나 분해하거나 더 복잡한 형태로 조합되거나 해서 무기물과 유기물로 헤아릴 수 없을 만큼 많은 물질이 만들어졌다. 그리고 또 우리 자신이 수많은 물질의 복합체이기도 하다.

그러나 그와 같이 물질로부터 다른 물질이 만들어지고 여러 가지로 변화하는 움직임을 보인다고 하는 것은 다만 물질이 존재한다는 것만이 아니다. 그 사이에 운동과 열 등의 에너지가 개재하여 일을 함으로써 비로소 그것이 가능해지는 것이다. 그것은 우리의 일상생활을 돌이켜 보아도 금방 알 수 있는 일이며, 우리의 생명과 열과의 관계에서도 금방 이해가 될 것이다. 물질이 다른 물질로 형태를 바꾸는, 즉 화학변화를 일으킬 때는 거기에 특히 커다란 에너지의 출입을 수반하게 된다. 그래서 화학이란 물질과 에너지의 관계를 연구하는 학문이라고도 할 수 있을 것이다.

화학 변화는 에너지 변화

불이 탄다고 하는 것은 가연물(可燃物)인 탄소나 수소가 공기 속의 산소와 결합해서 대량의 열과 빛의 에너지를 방출하면서 이산화탄소나 물을 만들어내는 화학변화이다. 다이너마이트 즉 니트로글리세린은 그 분자를 형성하고 있는 잠재에너지의 화학결합력을 열과 기계적 에너지의 형태로 순식간에 방출하여 폭발하고, 물과 이산화탄소와 질소로 분해한다. 한편에서 식물은 태양의 에너지를 흡수하여 그것을 화학결합력의 형태로 고정시켜 물과 이산화탄소로부터 포도당이나 녹말을 합성해서 성장해 간다.

우리가 먹은 음식물의 녹말은 가수분해(加水分解)되어 포도당이 되고, 혈액에 흡수되어 허파로부터 공급된 산소와 결합하여 이산화탄소와 물로

그림 3-1 | 우리가 쓰는 에너지는 그 90%가 연료의 연소로 만들어지고 있다

되어 발열하고 그것으로 체온을 발생시켜 몸속의 복잡한 화학변화를 위한 에너지를 보급한다.

이와 같이 모든 화학변화는 에너지의 변화와 결부해서 일어나는 것으로 에너지가 유리되어 방출되거나 아니면 흡수되어 고정되는가는 별도로 치더라도 에너지의 변화 없이는 어떠한 화학변화도 일어나지 않는 것이다. 그러고 보면 물리적 변화도 같은 일이지만 화학변화 때 에너지의 출입 쪽이 훨씬 크므로 거기서 우리가 사용하는 에너지는 그 90%가 연료의 연소로 만들어지고 있으며 모든 공업이 소비하는 열이나 전기에너지의 절반 이상이 화학공업에 의해서 사용되고 있는 것으로, 그들 사정은 이 사실을 이야기해 주는 것이라 할 수 있겠다. 다만 원자력이나 별의 에너지와 같은 핵반응은 화학변화와 비교하여 훨씬 큰 에너지방출을 수반한다. 이에 대해서는 제17장의 핵화학(核化學)에서 설명하기로 한다.

물질 불멸의 법칙과 에너지 보존법칙

물질과 에너지, 그것에 의해 우리의 생활이 영위되고 있으나 그 양자 사이의 관계가 올바르게 파악되기까지에는 오랜 세월이 경과해야만 했다. 물질의 모습이 일단 올바르게 파악된 것은 1774년 라부아지에에 의한 질량 불변의 법칙, 즉 물질 불멸의 법칙이 확립되고서부터였다. 그것은 탄소가 산소에 의해 연소되어 이산화탄소의 가스가 되어서 없어진 것같이 보여도 본래의 탄소와 산소의 질량의 합계와 생성된 이산화탄소의 질량과는 전적으로 같고 거기에는 조금의 증감도 없다는 발견에서부터 출발하는 것으로, 여기에서부터 근대화학이 시작되었다고 말할 수 있다.

한편 우리가 살아가려면 또 일을 하려면 없어서 안 되는 열, 기계력, 빛 따위의 이른바 에너지는 물질과 달라서 그 형태를 포착하기 어려운 점에서 그것의 올바른 인식이 얻어지기까지에는 더 오랜 세월을 필요로 했다. 열에서부터 기계력을 얻거나, 운동이 열로 바뀌거나, 열로부터 빛이 생겨난다. 수력으로 수차를 돌려서 발전기를 구동하는 전기에너지를 얻는다. 그 전기는 전열기로써 열로 바뀌고 모터로 동력으로 전환할 수 있다. 그런 현상은 밝혀졌지만 그 각각의 형태인 에너지의 상관관계는 좀처럼 밝혀지지 않았다.

럼퍼드(Count Rumford, 1753~1814)와 줄(James Prescott Joule, 1818~1889)에 의해 이루어진 기계력과 발생하는 열량을 정확하게 측정하는 실험 결과로, 차츰 그들의 관계가 밝혀지고 1842년이 되어 마이어(Julius Robert Mayer, 1814~1878)에 의해 에너지 보존 법칙이 확립되었다. 에너지는 열, 기계력, 전기, 빛, 운동 그리고 잠재하는 위치에너지로 모습을 바꾸더라도 그 양은 늘 일정하고 증감하는 일이 없으며 반드시 "당량(當量)" 관계가 보전된다. 그러므로 에너지는 무에서 탄생하는 일도 없고 소멸되는 일도 없는 셈이다.

이렇게 라부아지에의 「질량 불변의 법칙」과 마이어의 에너지 보존 법칙은 더불어 우주의 2대 진리가 된 것이다. 그리고 우리의 생활도 행동도 생산활동도 이 두 법칙에 따라서 하면 오류가 없다는 것이다. 오늘날에도 특별한 경우를 제외하고는 이 두 법칙을 진리로 적용해도 조금도 문제가 없으며 이를 통해 우리 사회가 움직이고 있다는 것은 말할 나위도 없다. 또 과학의 연구도 물론 이 두 법칙에 따라서 행해지고 있다. 그 특별한 경우라는 것은 거대한 우주 속에서 일어나는 현상과 초미시(超微視)의 세계인 것으로 그 밖에서는 문제가 없다고 하겠다.

방사능과 새로운 과제

그런데 1896년에 퀴리부처(Pierre Curie, 1859~1906/Marie Curie, 1867~1934)에 의하여 방사능이라는 현상과 라듐(Ra)이라는 방사성 원소가 발견됨으로써 새로운 과제가 생겼다. 라듐은 끊임없이 알파(α), 베타(β), 감마(γ) 세 종류의 방사선을 발사하고 있다. α선은 헬륨(He)의 원자핵이며 β선은 전자 그리고 γ선은 초초단파장의 전자기파인데 어느 것도 다 강한 에너지로써 물체를 투과할 수 있다.

한편 헬륨의 원자핵인 α파 입자를 방출한 라듐은 같은 방사성 원소인 라돈(Rn)으로 변환해 가는데 이와 같은 현상은 무엇을 의미하게 될까?

라듐의 강력한 방사선은 어디서부터 생긴 것일까? 라듐의 원자 속에 에너지는 존재하지 않을 것이고 다른 것으로부터 공급된 것도 아니다. 그렇다고 한다면 그것은 에너지 보존 법칙과는 모순된다. 에너지가 없는 곳에

에너지가 탄생했다는 것이 되기 때문이다.

또 라듐이 헬륨과 라돈으로 바뀌었다고 하는 사실은 원자 질량이 바뀌었다는 것으로 질량 불변의 법칙에도 저촉되며, 원소가 다른 원소로 바뀌었다고 한다면 그때까지의 원자론(原子論)을 부정하는 것이 된다. 이 사실을 설명하기 위해서는 고전물리학, 고전화학의 이론과는 다른 새로운 사고방식을 도입하지 않으면 안 된다.

기다려진 아인슈타인의 이론

1905년에 아인슈타인(Albert Einstein, 1879~1955)은 특수 상대성 이론에서 질량과 에너지는 서로 변환할 수 있는 것임을 밝히고 다음과 같은 질량과 에너지 사이의 관계식을 이끌었다.

$$E = MC^2$$

E는 에너지(에르그), M은 질량(그램), C는 빛의 속도(매초 3×10^{10} ㎝)이다. 거기서 만약 1그램의 질량이 없어지고 에너지로 바뀌었다고 하면 그 에너지의 양은 9×10^{20}에르그(erg)라는 막대한 것이 된다. 그것은 전력으로 환산하면 2500만 킬로와트시에 해당하며 석탄 3000톤 몫의 발열량, 또 그것이 순식간에 발생하면 TNT 폭약 2만 톤의 폭발력과 맞먹는 힘이 된다.

이와 같은 관계식을 도입하면 라듐 등의 방사성 원소가 붕괴하여 다른 원소로 바뀌어 갈 때 그 질량에 근소한 감소가 일어나는데, 그 질량의 결손이 에너지가 되어 α입자나 β입자의 속도, 그리고 γ선의 전자기파 에너지가 생기게 되는 것이다.

태양은 그 내부가 2000만 도라는 높은 온도로 되어 있다. 표면에서도 7000도라는 온도이며 그 열과 빛이 우리 지구로 보내져 와서 생명을 키워주고 있다. 그 거대한 에너지는 태양의 내부에서 일어나는 수소원자 4개가 융합해서 헬륨원자 1개가 되는 반응으로부터 생기는 것이라고 한다. 그래서 원자량표(原子量表)를 조사해 보면 수소의 원자량은 1.008 그리고 헬륨의 원자량은 4.003으로 되어 있다. 그렇다면 수소원자 4개로 질량이 4.032가 될 터인데도 헬륨이 4.003에서는 0.029만큼의 질량이 어디론가 사라져 버렸다는 것이 된다. 그러나 그것은 1,000분의 7만큼이 에너지로 변환했다는 것을 의미하며 그것을 $E=MC^2$ 식으로 계산하면 충분히 거대한 에너지로서 태양의 열원이 될 수 있다는 것을 이해할 수 있다.

무시할 수 있는 모순

이렇게 질량 불변의 법칙도 에너지 보존 법칙도 수정을 가해야 할 필요가 생긴 셈인데, 우리 주변의 보통 현상에는 그대로 적용해도 지장이 없고 화학반응을 이용한 공업생산에서도 그대로 사용해도 상관없다. 모든 것은 고전적인 법칙 그대로로 좋은 것이다.

　　그러나 실제에는 화학반응이 일어나고 거기에 에너지의 출입, 즉 흡열반응, 발열반응이 생기면 그 몫만큼 질량에 변화가 일어나고 있는 것이 되는 것은 당연하다.

　　예컨대 탄소가 연소되어 이산화탄소가 된다.

$$C + O_2 \rightarrow CO_2 + 97,000칼로리$$

　　탄소 1몰(mol), 즉 12그램과 산소 32그램으로부터 44그램의 이산화탄소가 생성되는데 97,000칼로리의 에너지가 생기고 있으므로 그것을 질량으로 환산하면 1,000만 분의 4.6밀리그램이 되어 그것은 이만한 질량이 줄어들었다는 것을 의미한다. 그러나 그것은 저울로 잴 수도 없고 무시해도 괜찮을 정도의 것이다.

4장

화합물과 원소, 분자와 원자

4. 화합물과 원소, 분자와 원자

주변에 가득한 화학제품

그런데 화학과 화학공업은 이렇게 여러 가지 새 물질을 만들어 내거나 천연자원으로부터 필요로 하는 물질을 쉽게 끄집어내는 데 성공하여 우리의 생활이나 생산기술에 큰 변화와 발전을 가져다주었다. 그리고 그러한 물질들은 우리 주변에 넘치고 있다. 필자는 지금 나일론 와이셔츠를 입고 양말을 신고 있다. 또 합성섬유뿐 아니라 옷감들은 모두 합성염료에 의해서 갖가지 색으로 다채롭게 염색되어 있다. 지금 이 원고를 쓰고 있는 종이는 목재 섬유소(纖維素)를 펄프로 분리해서 만든 화학제품이다. 만년필에서 흘러나오는 잉크도 화학제품이다. 만년필은 촉이 페놀(phenol)수지로 되어 있고 클립과 펜촉은 금인데 이것도 역시 화학 공정을 거쳐서 만들어진 것이다.

지각(地殻) 안에는 극히 조금밖에 없는 텅스텐(W)으로 만든 필라멘트가 천장에 번쩍이는 전등의 전구 안에서 빛나고 있다. 전구 속에는 아르곤(Ar)이 봉입되고 그 밸브의 유리는 알칼리, 이산화규소, 산화칼슘, 산화납 등을 원료로 한 어엿한 화학의 산물이다. 창문의 유리나 안경알도 마찬가지이다. 칼날의 쇠, 전선의 구리, 수도관의 납(Pb), 화폐의 은이나 구리, 알루미늄, 니켈, 모두가 지각을 이룩하고 있는 성분에서 화학적으로 추출해 낸 금

그림 4-1 | 우리 일상생활은 완전히 화학제품으로 둘러싸여 있다

속원소이다. 스토브의 등유, 부엌의 연료가스 또는 프로판 등 모두가 화학 공업의 산물이다. 성냥의 인, 황, 염소산칼륨 등 어쩌면 이렇게도 우리 생활이 원소와 화합물을 혼합한 화학제품에 완전히 휩싸여 버렸는지 정말로 탄성을 지르지 않을 수 없다. 정말 잘도 모아놓은 것이라고 생각된다.

물질의 종류

그런데 인조냐 천연이냐 하는 것은 접어 두고라도 도대체 이 지구상에는 얼마나 많은 종류의 물질이 존재하는 것일까? 여러 가지 약 이름을 생각해 보자. 알코올, 벤조산, 질산칼륨, 암모니아, 나일론의 아디프산헥사메틸렌디암모늄(hexamethylenediammonium adipate) 등의 기다란 이름의 것까지 연달아 자꾸만 튀어나와 한이 없는 느낌이다. 그도 그럴 것이다. 도서관에 가서 그멜린의 『무기화학전서(Gmelin's Handbuch der anorganischen Chemie)』나 유기화학전서인 『바일슈타인 핸드북(Beilstein's Handbuch der organischen Chemie)』을 펼쳐 놓고 세어보더라도 수백만이라는 수에 달하며 게다가 해마다 새로운 화합물이 발견되거나 인공적으로 만들어져서 그 수를 더해가고 있다.

화합물과 단체(원소)

이와 같은 무수한 물질들은 대부분이 화합물이라고 일컬어지는 것으로서 이것을 가열하거나 다른 약품을 작용시키거나 여러 가지 처리를 시도해 보면 몇 가지 다른 종류의 물질로 분해할 수 있다. 그러나 어느 정도까지 분해가 진행되면 그 생성물은 벌써 어떠한 화학처리, 물리적 처리를 해도 더 이상 분해할 수 없는 기본물질로 추정되는 단순한 물질이 되고 만다. 이와 같은 기본물질을 단체(單體) 또는 원소(元素)라고 부른다. 이를테면 화합물인 물을 분해하면 산소와 수소의 두 원소가 되며, 황산을 분해하면 수소와 황과 산소의 세 종류의 단체, 즉 원소가 된다. 우리의 몸을 구성하고 있는 주성분인 단백질도 그것을 완전히 분해하면 탄소, 수소, 산소, 질소, 그리고 황 등의 원소로 되어 있다.

원소의 종류

이런 원소나 단체라 불리는 물질은 다른 원소와 결합해서 화합물을 만들지만 그 자체는 벌써 분해했으므로 다른 물질로 바뀔 수는 없다. 이와 같은 원소가 우리의 주변이나 방 안에서만 해도 얼마나 많이 발견할 수 있는 가 하면 우선 공기 속에는 그 성분인 산소와 질소 그리고 영족기체인 아르곤, 네온(Ne) 등이 미량 포함되어 있다. 목재나 종이 등의 탄수화물이라면 탄소, 수소, 산소가, 금속원소라면 철, 납, 구리, 금, 은, 백금(Pt), 안티몬(Sb)이, 만년필의 촉 끝은 이리도스민(iridosmine)이므로 이리듐(Ir)과 오스뮴(Os)이 들어 있다. 그리고 알루미늄, 놋쇠의 성분인 아연(Zn), 깡통의 내면에 입힌 주석, 전구의 텅스텐 그리고 여러 가지 금속제품에 쓰이고 있는 니켈, 크

그림 4-2 | 화합물은 무수히 많지만 원소는 전 우주에 118종 밖에 없다

룸, 코발트, 체온계 속의 수은, 식염의 나트륨(Na)과 염소, 성냥갑의 붉은 인 (P), 성냥개비의 꼭지에 묻은 염소산칼륨의 칼륨(K), 요오드팅크의 요오드 (I), 유리의 규소, 트랜지스터의 게르마늄, 시계의 야광도료 속의 라듐이라 는 방사성 원소까지 가산해서 벌써 29종의 원소가 어디엔가 존재하고 있다 는 것을 알 수 있다. 게다가 도료나 물감의 안료(顔料), 화장품 등을 생각한 다면 금방 티탄, 카드뮴(Cd), 바륨(Ba), 칼슘(Ca), 마그네슘(Mg), 플루오르(F), 붕소(B) 등의 이름도 머리에 떠오를 것이다. 이것만 해도 벌써 36종이 된다.

우리의 좁은 방안에서만도 이렇게 많은 원소들을 금방 찾아낼 수 있다. 그렇다면 도대체 원소의 종류는 얼마나 될까? 화학 교과서를 들춰 보면 기 껏 100여 종에 지나지 않는다. 천연자원으로 발견된 것이 90종, 게다가 원 자력 개발 이래 인공적으로 만들어진 초우라늄 원소들을 포함하여 모두 105종이다.[1] 그리고 이것은 우리 지구 위에서뿐만 아니라 광대무변(廣大無 邊)한 전 우주 속을 찾아보아도 그것밖에 존재하지 않는다고 한다면 아마 도 사람들은 대개 깜짝 놀랄 것이다.

화합물의 종류

그러나 이 기본물질인 원소의 수는 그것뿐이라고 하더라도 이것을 조 합한다면 그야말로 무한한 종류의 물질이 생겨난다. 탄소, 수소, 산소, 질

---

1) 2023년 기준으로는 총 118종이다.

소라는 단 몇 종류의 원소만을 조합한 유기화합물만 해도 벌써 100만 종류 이상의 물질이 알려져 있다. 물론 그것은 원소의 종류만의 조합이 아니고 그 원소들을 여러 가지 양의 비율로 조합한 물질이 첨가되기 때문이다.

분자와 원자

모든 물질이 분자 또는 원자라고 불리는 기본적인 단위 입자로써 구성되어 있다는 것은 오늘날 누구나가 다 알고 있다. 인류가 물질관(物質觀)으로서 이와 같은 생각에 도달하기까지에는 오랜 역사의 과정이 있었다는 것은 말할 나위도 없으나, 그 시초는 일찍이 2,000년 전의 그리스의 철학자 데모크리토스(Demokritos, Democritus, 약 B.C. 470~380)에서 시작되었다고 생각할 수 있을 것이다. 데모크리토스는 모든 물질은 어디까지나 자꾸 세분해 가면 마침내 그 물질로서의 최소 단위 입자가 된다고 생각했다. 이 단위 입자는 그 이상 분해하면 이미 그 물질의 성질을 잃어버리는 것으로 「더 이상 쪼갤 수 없는 입자」 즉 아톰(atom)이라 명명했던 것이다. 아톰이란 우리말로 원자이며 따라서 이것을 **데모크리토스의 원자론**이라 부르고 있다.

그러나 데모크리토스가 생각했던 원자는 사실은 오늘날의 원자와 직접 연결되는 것은 아니고 오히려 오늘날 분자의 의미를 지닌 것이다. 우리 주변에 있는 대부분의 물질은 분자라 불리는 최소 단위 구조물로써 구성되어 있다. 물은 H_2O라는 분자의 집합체이고 포도당은 $C_6H_{12}O_6$이라는 분자로써 구성되어 있다. 그리고 액체인 물은 H_2O가 서로 유동할 수 있는 형태로 응집되어 있는 것이며, 포도당은 $C_6H_{12}O_6$이라는 분자가 규칙적으로 서로 결합해서 결정을 형성하고 있는 것이다.

이러한 분자는 다시 그 이상으로 분해할 수 없는 것은 아니다. 그러나 굳이 분할한다고 하면 그 조각은 벌써 지금까지의 물질과는 다른 것이 된다. 물 H_2O는 분할하면 이미 물이 아닌 수소와 산소가 된다. 마찬가지로 포도당은 탄소와 물로 또는 더 나아가서 탄소와 수소와 산소로 분해된다.

그러나 모든 물질이 이와 같은 분자를 가지고 있는 것만은 아니다. 탄소, 철, 납, 황 등의 물질은 아무리 분할해도 실제는 그 이상 더는 분할할 수 없는 단위 입자가 된다. 그러나 그 입자는 역시 탄소이며 철이며 납이며 또 황인 것이다. 이와 같은 물질을 원소라 부르고 이 원소들의 단위 입자를 각각 원자라고 부르는 것이다. 그리고 어떤 한 가지 원소만으로 되어 있는 물질을 단체라고 하는데, 단체는 철이나 납처럼 분자를 만들고 있지 않아도 되고 또 공기 속의 산소 O_2나 질소 N_2처럼 같은 원자가 몇 개 짝이 되어서 분자를 만들고 있어도 상관없다.

분자, 원자의 크기

그런데 이러한 분자나 원자는 몹시 작은 것으로서 아무도 그것을 눈으로 볼 수는 없다. 그것은 전자현미경을 써서도 무리인데 그렇다면 그 크기는 도대체 어느 정도일까? 그리고 어떻게 하면 그 크기를 알 수 있을까? 여기서 간단하고 재미있는 실험을 소개하겠다. 그것은 어떤 물질이든 상관없다고 할 수는 없지만 기름과 같이 물에 섞이지 않고 표면에 퍼지는 액체가 좋다. 물 위에 뜬 기름은 얇게 퍼져서 무지개 색깔의 **간섭색**(干涉色)을 낸다. 그것은 기름의 막이 빛의 파장에 해당하는 얇은 두께로 되었다는 것을 가리키는데 더욱 확산하면 빛깔이 없는 막이 되어 버린다. 그리고 그 이상 퍼지게 하려고 하면 기름막이 잘려서 수면이 나타나게 될 것이다. 이 끊어지기 직전의 막을 **단분자층**(單分子層)이라고 하는데, 기름의 분자가 빽빽하게 한 줄로 늘어선 상태로 되어 있다.

그러므로 사진 현상용 그릇과 같은 네모난 접시에 물을 가득 채우고 그 위에 긴 유리 막대를 가로 걸쳐서 경계선을 만들고 그 한쪽 수면에 극히 미량의 기름을 떨군다. 그러면 기름은 자꾸 퍼져나가서 그 간막이 속에 가득 찬다. 이렇게 된 다음 간막이 경계의 유리 막대를 천천히 움직이면 기름이 다시 퍼져나가서 드디어 무지개색을 띠다가 마침내는 그것이 없어진다. 그때 잿빛이 되어 바로 막이 끊어지려는 곳에서 멎게 한 뒤 기름막 쪽 간막이의 넓이를 측정해 본다.

물론 기름방울은 맨 처음에 그 부피를 측정해 둔다. 거기서 지금 $1mm^3$의 기름방울을 떨구어 그것이 $1m^2$로 퍼졌다고 한다면, 기름막의 두께, 즉 단분자층은 1/1000만 cm가 된다. 즉 그 분자의 지름은 $10^{-7}cm$ 정도인 것이다. 고분자 화합물이라 불리는 거대분자는 별개이지만 보통 저분자 화합물의 분자의 크기라는 것은 이런 정도이다. 그래서 만약 이 기름분자가 10개의 탄소원자를 갖는다고 하면 그 원자의 크기는 분자지름의 약 1/10 정도의 크기를 갖게 되며 이것은 약 1/1억 ㎝가 된다. 흔히 원자를 설명할 때 1㎝ 사이에 1억 개나 늘어서는 미세한 입자라고 기술하는데 이와 같은 실험을 해 보면 과연 그렇구나 하고 납득이 갈 것으로 생각된다.

여러 가지 분자, 원자

원자의 크기는 1/1억 ㎝라는 지름을 갖는 구라고 말하지만 어떤 원소의 원자도 그런 크기라는 것은 아니다. 그것은 평균값에 불과한 것이다. 제일 작은 수소원자와 제일 큰 우라늄원자가 엄청나게 다르다는 것은 말할 나위도 없다. 그 질량만 하더라도 수소원자를 1로 하면 산소원자는 16, 염소가 35, 철이 56, 우라늄이 238처럼 매우 다르다.

이와 같이 미세한 입자인 원자에는 자연계에서 90, 거기에다 인공원소를 보태서 현재 106종류가 있는데 그러한 원자가 2개 이상 결합해서 분자를 형성해 간다. 그리고 이 원소들의 조합에 의해서 많은 물질이 얼마든지 태어나게 되는 것이다.

5장

분자 · 원자의 존재 근거

5. 분자·원자의 존재 근거

그렇다면 이러한 물질의 단위 입자인 원자는 어떻게 해서 발견되었을까? 또는 어떤 현상에서 그와 같은 사고방식이 태어나게 되었을까?

데모크리토스의 원자론

옛날 그리스의 데모크리토스는 모닥불의 연기가 차츰 공중으로 퍼져가서 이윽고 사라져 없어지는 것을 보고, 연기 성분의 기본 입자인 원자가 공기의 원자 사이에 끼어들어 섞이기 때문이라고 생각했다. 이것이 그가 원자론을 주장하게 된 동기라고 전해진다. 즉 공기에 틈이 있어서 그 사이에 연기의 원자가 끼어드는 것이며 공기에 그런 틈새가 있고, 또 유동성을 보인다는 것은 공기가 미세한 원자의 집합이어서 그 원자와 원자 사이에 다른 원자가 끼어들기 때문이라는 것이다.

18세기의 추리

데모크리토스의 원자론은 그 이상 별로 발전하지 못했는데, 이러한 사상은 돌턴이 근대적인 원자론을 유도하기까지 1,000년 이상이나 잠들어 있었다고 하겠다. 원자, 분자라는 사고방식이 부활한 것은 18세기에 들어서서인데 물질이 이와 같은 단위 입자로써 구성된다고 하는 것은 근대에 들어와서도 역시 물질계에서 발견되는 거시적(巨視的)인 현상에서부터 추리해서 유도했다.

즉 데모크리토스가 공기 속으로 연기가 흩어져 나가는 것을 보고 원자의 존재를 추측한 것과 마찬가지로, 이를테면 물속에서 설탕이 녹거나 염료가 확산해 가는 현상 역시, 물이나 설탕의 염료도 각각의 미세한 기본입자로써 구성되어 있어 그것들이 서로 혼합되는 것이 용해라는 현상으로서 나타난다는 것이었다.

기체의 입자와 압력의 관계: 보일의 법칙

물질이 이와 같은 미세한 입자의 집합체라는 것을 추측하게 하는 재료는 그 밖에도 여러 가지가 존재한다. 보일(Robert Boyle, 1627~1691)은 기체의 부피와 압력과의 관계를 밝혀 보일의 법칙을 발견했는데, 이 법칙에 따르면 공기든 수소든 모든 기체는 압력을 가하면 부피가 수축되고 압력을 제거하면 팽창하는데 그 압력과 부피는 반비례한다. 즉 온도가 일정하면 압력과 부피를 곱한 값은 항상 일정하게 된다. 이렇게 해서 기체가 압력에 의해 수축하거나 팽창하는 것은 기체가 완전히 균질(均質)한 구조를 갖는 것이 아니라 틈새투성이 입자의 집합체라는 것을 추정하게 한다. 즉 미세한 입자는 개개의 사이에 상당한 틈새가 있어서 입자는 서로 이동할 수 있는 상태에 있으며 압력이 높아지면 입자 간의 거리가 수축되고 압력이 낮아지면 그 틈새가 벌어져서 부피가 팽창하는 결과가 되는 것이다.

$$P \times V = \text{일정}$$

(압력) (부피)

기체의 입자와 열의 관계: 샤를의 법칙

또 기체는 가열되면 팽창하고 냉각하면 수축한다. 그리고 온도와 부피의 관계는 샤를(Jacques Charles, 1746~1823)이 발견했는데 기체의 부피는 반드시 절대온도, 즉 섭씨온도에 273°를 더한 온도에 비례하게 된다. 거기서 다음의 식이 성립한다.

$$\frac{V}{T} = \text{일정}(T\text{는 절대온도})$$

샤를의 법칙도 역시 기체가 입자의 모임이라는 것을 추측하게 한다. 기체의 팽창이나 수축은 이 입자들 간에 일종의 반발력이 존재해서 그것과 외압(外壓)과의 균형이 그 압력에서의 부피를 결정하게 되는 것이고, 온도가 높아지면 입자 간의 반발력이 증대해서 부피가 팽창하게 되는 것인데, 이 반발력은 온도의 상승에 의해서 높아지는 입자의 운동으로부터 생긴다. 즉 기체는 격렬하게 운동하는 입자 간의 충돌로 압력이 생기고 부피가 팽창한다고 생각할 수 있다.

보일—샤를의 법칙

이 두 법칙을 통합하면 이상기체(理想氣體) 1몰에 관해서 다음 식이 성립되고 이것을 기체의 법칙 또는 보일—샤를의 법칙이라 부른다.

$$PV = RT \,(R\text{은 기체상수라 부르며 } R = 8.317 \times 10^7 \text{에르그/몰} \cdot \text{K})$$

열팽창과 입자

열에 의해서 부피가 팽창하는 것은 사실은 기체에만 국한되는 것이 아니다. 액체나 고체도 열팽창을 하고 온도가 내려가면 다시 수축한다. 그러나 이와 같은 팽창이나 수축도 액체나 고체가 역시 미세한 입자로써 구성되어 있는 것이 원인이라고 생각할 수 있다. 그리고 온도가 상승하면 입자의 에너지가 증대하여 그 진동이 커져서 입자 간의 거리가 벌어져 외관상으로는 그 액체나 고체의 부피가 증대하는 형태를 취한다. 그 입자라는 것은 분자이며 원자인 것이다.

분자, 원자의 운동과 열에너지

그렇다면 그 분자나 원자의 운동을 촉진하는 열이란 도대체 무엇일까? 실은 열이라고 하는 에너지의 형태는 분자나 원자의 운동상태이며 온도가 높다는 것은 온도가 낮은 경우보다도 그 물체 내부의 분자운동의 운동속도가 커졌다는 것이다.

물질의 3태와 분자, 원자

그래서 온도에 관한 물질의 3태(3態), 즉 고체, 액체, 기체라는 상태도 분자의 존재를 가리키는 것이라고 할 수 있다. 고체에서는 그 분자나 원자가 가지런히 집 짓기 공작(積木細工)을 하듯이 배열되어 결정격자(結晶格子)를 형성하고 있다. 그 경우에 개개 입자는 그 사이에 작용하는 결합력 때문에 세게 결합되어 쉽게 분리되지 않는데 그래서 어떤 일정한 온도에 있는 고체물질은 이 분자가 결합력의 범위 내에서 진동하고 있을 뿐 결합이 끊어지는 일은 없는 것이다. 그러나 어떤 온도에 이르면 분자운동의 에너지가

그림 5-1 | 고체, 액체, 기체에서 분자의 결합상태가 바뀐다

증대해서 결합력을 끊을 수 있게 되어 정연하게 늘어선 결정격자가 허물어지고 분자는 서로 자유롭게 움직일 수 있게 된다. 즉 녹는점에 도달해서 그 고체는 용해하여 액체가 되는 것이다. 얼음이 녹아서 물이 되는 경우가 그 대표적인 예다.

그러나 액체로 된 물질에서는 개개 분자나 원자는 계속해서 결합력의 지배를 받고 서로 자유로이 움직일 수는 있어도 그 인력을 완전히 끊고 멀리 달아날 수는 없다. 따라서 액체라는 유동성을 가진 응집상태를 유지하게 되는데 그것도 끓는점이라고 하는 온도 범위 내에서만 가능하다. 이 끓는점을 넘어서면 분자운동은 액체로서의 응집력보다 커져서 이번에는 자유로이 넓은 공간으로 도망치게 된다. 즉 분자는 완전히 자유의 몸이 되는 셈인데 이것이 기체인 것이다.

거시적 관찰에 의한 추측

이렇게 우리는 물질에 나타나는 여러 가지 물리적인 현상을 거시적으로 관찰하기만 해도 그것들이 모두 눈에 보이지 않는 미세한 분자나 원자라는 기본입자로써 구성되어 있음을 추측할 수 있다.

그런데 어떤 물질의 기본입자가 분자라고 한다면 그것은 다시 원자로 분해할 수 있다. 물은 높은 온도에서 금속인 철과 접촉하면 수소가스를 발생하고 한쪽에 산화철이 생성된다. 또 물을 전기분해하면 산소가스와 수소가스가 생성된다. 그래서 물은 산소와 수소로써 구성된 화합물임을 알게 된다. 그러나 물의 분해로 생성된 산소와 수소는 이미 아무리 강하게 가열하거나 전기방전을 시키려 해도 다른 것으로 분해되거나 변화하지 않는다. 그러므로 산소와 수소는 화합물이 아니고 원소라는 결론에 이르게 될 것이다.

일정 비례의 법칙

수소와 산소가 결합해서 물이 될 경우, 이 둘은 여러 가지 비율로 혼합해서 점화하여 폭발로 물을 만들었다고 하면 부피가 수소 2, 산소 1인 비율일 때는 어느 쪽도 남김없이 물이 되지만, 이러한 비율이 아닐 때는 어느 쪽이든 이 비율보다 많은 쪽이 뒤에 본래의 가스상인 채로 남겨진다. 이것은 몇 번을 시험해도 항상 마찬가지이며 언제나 수소와 산소가 2:1의 비율로서 물이 생성된다는 것을 보여 준다. 그리고 이것을 무게의 비로 고치면 항상 수소와 산소가 1:8이라는 것을 알 수 있다.

또 물을 전기분해로 분해하면 언제나 수소와 산소가 2:1의 부피의 비로 각각의 가스로 분리되는데 이것도 누가 언제 시험해 보더라도 물은 수소 2 부피와 산소 1부피의 비율로 밖에는 달리 분해할 수 없다는 것을 알 수 있다.

탄산가스 즉 화학명으로 말하면 이산화탄소(CO_2)는 숯이나 석탄이 타서 생기고 또 우리의 허파에서 나오는 호기(呼氣) 속에도 포함되어 있다. 또 탄산샘(炭酸泉)으로서 물에 녹아 땅속으로부터 솟아오르는 일도 있다. 그러나 어느 것이든 이산화탄소를 분해하면 그 무게의 비가 탄소 대 산소에서 12:32, 즉 3:8의 비율로 되어 있다는 것을 알 수 있다. 물론 탄소를 공기 속에서 태워서 이산화탄소로 만들면 역시 탄소 3, 산소 8의 비율로 결합하는 것은 말할 나위도 없다.

이와 같이 화합물이라는 것은 그것이 같은 화합물이라면 언제나 그것을 구성하고 있는 성분원소의 비율, 즉 질량의 비가 일정한 것이어서 이것을 화학에서는 일정 비례의 법칙이라 부르고 있다. 이 법칙은 1799년에 프루스트(Joséph Louis Proust, 1754~1826)가 발견했고 그 후 베르셀리우스(Jöns Jakob Berzelius, 1779~1848)가 많은 실험을 시도하여 확증한 것인데 이 현상도 물질이 단위 입자로써 구성되어 있고 화합물도 원소의 연속적인 혼합에 의해서 형성되는 것이 아니라 입자라고 생각해도 좋은 원소의 단위 구조물이 어떤 방법으로 서로 결합한다는 것을 추측하게 하는 것이다.

배수 비례의 법칙

지금 어떤 두 종류의 원소가 결합해서 한 종류의 화합물뿐만 아니라 몇 가지나 되는 화합물을 만드는 경우가 있다고 하자. 이 같은 경우에 한쪽 원소의 일정량과 결합하는 상대방 원소의 양은 반드시 간단한 정수비를 가리킨다는 현상이 있다. 이를테면 탄소와 산소는 일산화탄소(CO)와 이산화탄소를 만드는데, 후자는 탄소의 일정량에 대하여 전자의 2배의 산소가 결합하고 있다. 또 질소와 산소는 다섯 종류의 화합물을 만드는데, 이 경우는 표에서 보는 바와 같이 같은 양의 질소와 결합하는 산소의 양이 1:2:3:4:5라는 정수비를 이루고 있다.

질소의 산화물	무게비	질소의 일정량에 대한
	질소 : 산소	산소의 비
일산화이질소	7 : 4	1
일산화질소	7 : 8	2
삼산화이질소	7 : 12	3
이산화질소	7 : 16	4
오산화질소	7 : 20	5

표 5-2 | 배수 비례의 법칙

이처럼 어떤 원소와 결합하는 상대 원소의 양이 정수비를 가리키는 현상을 배수 비례의 법칙이라 부른다. 이 법칙도 역시 화학적으로 원자의 존재를 추정하는 중요한 자료가 되는 것이다.

돌턴의 원자설

1805년에 영국의 돌턴이 근대적인 원자론을 제창했는데 그것은 일정 비례의 법칙이나 배수 비례의 법칙의 발견으로 확증을 얻은 것이다. 이렇게 해서 모든 물질은 자연에 있는 90종류의 원소 중의 어느 것이거나 그 화합물들일 텐데 각각의 원소는 제각기 독자의 원자를 가지며 이 미세한 원자의 결합 또는 조합에 의해서 모든 물질이 만들어지고 있다는 것이 분명해지게 되었다.

6장

원자의 무게를 측정하기까지

6. 원자의 무게를 측정하기까지

게이―뤼삭의 법칙

1845년에 줄이 이런 말을 했다. "기체는 서로 같은 부피끼리 결합하거나 한쪽이 다른 쪽의 정수배의 부피로 화합해서 생긴 화합물과 성분원소 간에는 단순한 관계가 성립된다고 하는 게이―뤼삭(Joséph Louis Gay-Lussac, 1778~1850)의 발견은 과학계에서 가장 중대한 발견의 하나라고 말할 수 있을 것이다."

그것은 확실히 옳은 말이다. 이 현상의 발견으로부터 분자와 원자의 관계와 원자의 크기, 원자의 결합방법 등을 모두 유도할 수 있었기 때문에 돌턴의 원자론, 일정 비례, 배수 비례의 양 법칙과 더불어 대단히 중요한 발

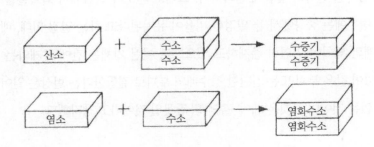

그림 6-1 | 기체가 반응할 경우 부피는 간단한 정수비를 취한다

견이라고 할 수 있다.

게이—뤼삭은 1808년에 몇 가지 기체화합물의 합성이나 분석을 한 결과, 언제나 같은 온도와 압력 아래서 측정한다면 산소 1부피는 반드시 2부피의 수소와 화합해서 물을 만들며, 1부피의 염소가스는 정확하게 1부피의 수소와 화합해서 2부피의 염화수소를 만든다는 사실을 발견했다. 그리하여 「두 종류 또는 그 이상의 기체가 반응할 경우 그 부피는 항상 간단한 정수비를 취한다」는 법칙을 밝혔던 것이다. 즉 〈그림 6-1〉과 같은 관계가되는 것이다.

돌턴의 의문

그러나 돌턴은 이 법칙을 믿을 수 없었다. 왜냐하면 모든 원소는 각각의 원자로써 구성되며 기체원소도 역시 이미 더 이상으로는 분할할 수 없는 입자인 원자의 집합에 불과하다. 그리고 원소가 결합해서 화합물을 만들 경우에는 중량에서 늘 일정한 비율이 유지된다고 하는 일정 비례, 배수비례의 법칙이 엄연히 존재하고 있으므로 어떤 기체든 간에 무게와는 관계없이 같은 부피 또는 간단한 정수배의 부피로 결합한다는 현상은 일어날수 없는 것이며 그것은 게이—뤼삭의 잘못일 것이라고 생각했다.

아보가드로의 가설

그런데 얼마 후 이탈리아의 아보가드로(Amedeo Avogadro, 1776~1856)는 참으로 천재적인 두뇌를 발휘하여 돌턴의 가설과 게이—뤼삭의 발견이 모순됨이 없이 결부된다는 것을 밝혔던 것이다. 그는 두 사람의 주장이 각각 옳다고 한 뒤, 기체의 부피는 그 속에 포함되는 입자의 수에 의해서 결정된다는 가설을 도입해 보았다. 그것은 기체의 종류에는 관계없는 것이다. 물론 측정할 때의 온도나 압력은 같아야 하지만 가스의 종류가 다르더라도 그것들의 부피가 같다면 그 속의 입자의 수는 전적으로 같다는 것이 된다. 이를테면 가스가 한쪽은 수소이고 한쪽은 염화수소이더라도 같은 부피라면 그것을 구성하는 수소의 입자나 염화수소의 입자도 같은 수라고 하는 것이었다.

아보가드로의 추리

이 경우 아보가드로는 그 입자는 반드시 원자이어야 할 필요는 없다고 생각하여 그 입자에 대해 분자라는 말을 쓰고 있다. 따라서 아보가드로의 가설은 「같은 온도, 같은 압력에서 부피가 같은 기체에는 항상 같은 수의 분자가 포함된다」라는 것이 된다.

거기서 아보가드로의 가설에 따라 게이—뤼삭의 법칙을 고찰해 보기로

수소 + 염소 → 염화수소

그림 6-2 | 같은 부피의 수소와 염소가 화합하여 부피가 두 배인 염화수소가 만들어진다

하자. 수소와 염소로부터 염화수소가 생기는 반응에 대해서는 〈그림 6-2〉를 참고해 주기 바란다.

지금 수소와 염소가 같은 부피씩 화합해서 부피가 2배인 염화수소가 생긴다고 할 때 왼쪽 상자 속의 수소입자의 수를 1억이라고 가정한다면 염소의 입자 수도 1억이고, 또 오른쪽의 염화수소는 부피가 2배이므로 그 입자의 수는 2억이 아니면 안 된다. 그래서 만약 수소와 염소의 입자가 각각의 원자였다고 한다면, 염화수소는 염소원자와 수소원자가 결합해서 된 것이기 때문에 그 입자, 즉 분자는 1억 개밖에 안 된다. 1억 개라면 1부피밖에 안 되는 셈인데 그것이 2부피인 것은 분명히 2억 개의 분자가 존재한다는 것을 가리키고 있다. 그렇다고 한다면 왼쪽의 수소와 염소는 각각 원자의 수가 2억 개여야만 한다. 그러나 입자의 수는 1부피에 대해 1억 개이므로 결국 개개 입자는 원자가 결합해서 만들어진 분자라는 결론에 도달하게 된다.

이렇게 기체의 분자는 수소든 질소든 염소든 산소든 2원자가 결합한 형태를 하고 있는 것이 되었다. 우리는 화학 시간에 아무런 예비지식도 없이 산소나 수소의 분자는 2개의 원자로써 구성되어 있다고 배우고 있다. 그 사실은 이와 같은 현상에서부터 추리에 의해서 밝혀졌다는 매우 재미있는 이야기가 있는 것이다.

분자식, 반응식

이쯤에서부터 분자식이나 반응식을 들고나와 설명한다면 수소와 염소는 다음과 같은 반응으로 염화수소를 만든다. 즉

$$H-H + Cl-Cl \rightarrow H-Cl + H-Cl$$
$$H_2 + Cl_2 \rightarrow 2HCl$$

가 된다.

마찬가지로 수소와 산소는 다음과 같이 반응해서 물이 되는 것이다.

$$H-H + H-H + O-O \rightarrow \begin{array}{c} H \quad H \\ \backslash \, / \\ O \end{array} + \begin{array}{c} H \quad H \\ \backslash \, / \\ O \end{array}$$
$$2H_2 + O_2 \rightarrow 2H_2O$$

원자량의 결정

그런데 아보가드로의 설은 분자의 존재를 밝혀냈을 뿐만 아니라 다음에는 분자량과 원자량을 결정하는 데도 도움이 되었다.

지금 0℃, 1기압에서 여러 가지 기체원소의 무게를 측정했다고 하자. 그 결과 수소 1 ℓ 는 0.089944g, 질소 1 ℓ 는 1.2499g, 산소는 1.4277g이고 염소는 3.1638g이라는 값이 나올 것이다. 1 ℓ 속의 분자 수는 어느 기체에서도 같으므로 이 무게의 비는 그대로 이 원소들의 분자의 무게의 비가 될 것이고, 다시 어느 분자도 2원자분자이므로 그것은 또 각각의 원자의 무게의 비가 된다.

그래서 산소원자의 무게와 수소원자의 무게 비는 1.4277 : 0.089944로서 즉 15.873 : 1이 된다. 또 질소와 수소원자의 무게비는 마찬가지로 해서 1.2499 : 0.089944 = 13.897 : 1이 된다. 지금 가장 가벼운 원소인 수소의 원자 무게를 1이라고 한다면, 질소원자는 13.897이 될 것이고, 산소원자는 15.873이 될 것이다. 그리고 이 숫자는 단지 원자 무게의 비교일 뿐 실제의 질량을 가리키는 것은 아니다. 그렇다면 오히려 여러 가지 원소와 화합물을 만들기 쉬운 산소 쪽을 기준으로 해서 이것을 16.000으로 하고 이것에 대해서 모든 원소의 원자 무게의 비율, 즉 원자량을 산출하자는 것으로 되었다. 그렇게 되면 수소 쪽은 정확하게 1이 아니고 1.008이 된다.

이렇게 해서 결정된 대지의 원자량은 정수에 가까운 값을 가리키고 그것은 원자의 구조와 어떤 인과관계가 있다는 것을 추측하게 했는데 그중에

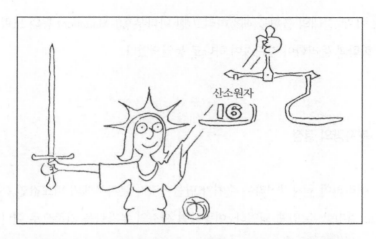

그림 6-3 | 원자량은 처음에는 산소원자를 16으로 했을 때 다른 원자의 무게의 비교값으로 정해졌다

는 염소의 약 35.5 등과 같은 소수점 이하의 끝자리가 있어서 어느 쪽에 붙어야 할 것인지 애매한 것도 나타나서 화학자들의 고개를 갸우뚱하게 했다. 이것은 나중에야 동위원소의 존재와 그 혼합이 발견되어 그 의미를 훨씬 알기 쉽게 되었다(제8장 〈표 8-3〉 참조).

산소를 기준으로 하는 이러한 방식의 원자량은 꽤 오랫동안 사용되어 왔으나 1961년에 탄소 12(〈표 6-4〉 참조)를 기준으로 한 새로운 원자량으로 고쳐졌다. 전체가 아주 약간 작아졌을 뿐으로 실용상의 차는 거의 없다고 해도 된다. 화학 분야에서는 옛 방식으로도 불편은 없으나 천연의 산소를 기준으로 한 원자량으로는 물리학상 불편한 일이 많고 1961년 이전에는 화학적 원자량과는 별도의 물리적 척도(尺度)의 원자량이 쓰여졌던 것이다. 이 두 갈래의 불편을 해소하려고 한 마타우후(J. Mattauch) 등의 노력으로 화학과 물리학이 접근하여 하나로 통일되었다.

분자량의 결정

이리하여 원자량이라는 수치가 만들어지자 분자무게의 비교값인 분자량도 결정할 수 있게 되었다. 이를테면 산소의 분자량을 기준으로 한다면 산소분자는 2원자분자이므로 분자량은 32가 될 것이다. 그래서 아보가드로의 가설을 적용하면 어떤 물질의 기체상태에서의 일정한 부피의 무게를 알면 같은 온도, 같은 압력에서의 같은 부피의 산소가스의 무게와의 비로부터 곧 그 물질의 분자량이 계산되게 된다. 즉

$$\text{기체 X의 분자량} = 32 \times \frac{\text{X 1}\ell\text{의 무게}}{\text{산소 1}\ell\text{의 무게}}$$

로부터 X의 분자량을 구할 수 있다. 그리고 고체원소나 액체원소에서도 그 기체화합물을 만들어서 그 무게를 구하면 모든 원소의 원자량은 그 분자량으로부터 계산할 수 있게 되고 이렇게 해서 모든 원소의 원자량이 결정되었던 것이다. 이를테면 황의 원자량이라면 이산화황을 사용하여 측정해서 32.06이라는 원자량을 얻는 것이다.

그램분자(몰)

이렇게 해서 원자량이라고 부르는 각 원소의 원자 무게의 비교값과 분자량이라고 부르는 원소 또는 화합물의 분자 무게의 비교값이 결정되면 여러 가지로 재미있는 것을 알게 된다. 우선 각각의 물질의 분자량에 그램 단위를 붙여보면 그 무게의 물질 속에 포함되는 분자 수는 모두 같아진다. 이를테면 산소의 분자량은 32이므로 32g의 산소를 취해보면 그 속에 포함되는 분자의 수는 수소라면 2.016g 속에 포함되는 분자의 수, 이산화탄소라면 44g 속의 분자의 수와 똑같은 수가 될 것이다. 이 수를 아보가드로수라 부르며 6.022×10^{23}g이 된다.

이처럼 어떤 물질의 분자량에 g을 붙인 수치를 그램분자 또는 몰(mol)이라고 한다. 그러므로 산소 32g이 1몰이며 수소 1몰은 2.016g, 이산화탄소라면 1몰은 44g인 셈이다. 따라서 어떤 물질도 그 1몰이 기체로 되면 같은 온도, 같은 기압에서 같은 부피를 가리키게 되고 어떤 물질이든 그 1몰이 기체가 되면 0℃, 1기압에서 22.4ℓ를 차지하게 되는 것이다.

그램원자(그램 · 아톰)

하기야 기체가 되더라도 분자를 형성하지 않는 원소도 있다. 이를테면 헬륨, 네온, 아르곤 등의 영족기체류는 단체(單體)인 가스이면서도 분자를

원자번호	원소	기호	원자량	원자번호	원소	기호	원자량
99	아인시타이늄	Es		7	질소	N	14.0067
30	아연	Zn	65.38	69	툴륨	Tm	168.9342
89	악티늄	Ac	227.0278	43	테크네튬	Tc	
85	아스타틴	At		26	철	Fe	55.847
95	아메리슘	Am		65	테르븀	Tb	158.9254
18	아르곤	Ar	39.948	52	텔루르	Te	127.60
13	알루미늄	Al	26.98154	29	구리	Cu	63.546
51	안티몬	Sb	121.75	90	토륨	Th	232.0381
16	황	S	32.06	11	나트륨	Na	22.98977
70	이테르븀	Yb	173.04	82	납	Pb	207.2
39	이트륨	Y	88.9059	41	니오브	Nb	92.9064
77	이리듐	Ir	192.22	28	니켈	Ni	58.69
49	인듐	In	114.82	60	네오디뮴	Nd	144.24
92	우라늄	U	238.0289	10	네온	Ne	20.179
68	에르븀	Er	167.26	93	넵투늄	Np	237.0482
17	염소	Cl	35.453	102	노벨륨	No	
76	오스뮴	Os	190.2	97	버클륨	Bk	
48	카드뮴	Cd	112.41	78	백금	Pt	195.08
64	가돌리늄	Gd	157.25	23	바나듐	V	50.9415
19	칼륨	K	39.0983	72	하프늄	Hf	178.49
31	갈륨	Ga	69.72	46	팔라듐	Pd	106.42
98	칼리포르늄	Cf		56	바륨	Ba	137.33
20	칼슘	Ca	40.08	83	비스무트	Bi	208.9804
54	크세논	Xe	131.29	33	비소	As	74.946
96	퀴륨	Cm		100	페르뮴	Fm	
79	금	Au	196.9665	9	플루오르	F	18.998403
47	은	Ag	107.868	59	프라세오디뮴	Pr	140.9077
36	크립톤	Kr	83.80	87	프란슘	Fr	
24	크롬	Cr	51.996	94	플루토늄	Pu	
14	규소	Si	28.0855	91	프로트악티늄	Pa	231.0359
32	게르마늄	Ge	72.59	61	프로메튬	Pm	
27	코발트	Co	58.9332	2	헬륨	He	4.00260
62	사마륨	Sm	150.36	4	베릴륨	Be	9.01218
8	산소	O	15.9994	5	붕소	B	10.81
66	디스프로슘	Dy	162.50	67	홀뮴	Ho	164.9304
35	브롬	Br	79.904	84	폴로늄	Po	
40	지르코늄	Zr	91.22	12	마그네슘	Mg	24.305
80	수은	Hg	200.59	25	망간	Mn	54.9380
1	수소	H	1.0079	101	멘델레븀	Md	
21	스칸듐	Sc	44.9559	42	몰리브덴	Mo	95.94
50	주석	Sn	118.69	63	유로퓸	Eu	151.96
38	스트론튬	Sr	87.62	53	요오드	I	126.9045
55	세슘	Cs	132.9054	88	라듐	Ra	226.0254
58	세륨	Ce	140.12	86	라돈	Rn	
34	셀렌	Se	78.96	57	란탄	La	138.9055
81	탈륨	Tl	204.383	3	리튬	Li	6.941
74	텅스텐	W	183.85	15	인	P	30.97376
6	탄소	C	12.011	71	루테튬	Lu	174.967
73	탄탈	Ta	180.9479	44	루테늄	Ru	101.07
22	티탄	Ti	47.88	37	루비듐	Rb	85.4678
				75	레늄	Re	186.207
				45	로듐	Rh	102.9055
				103	로렌슘	Lr	

표 6-4 | 원자량표

만들지 않고 각각의 입자는 원자 그대로다. 또 금속원소도 그렇겠지만 이와 같은 경우에는 분자량을 사용하기가 곤란하므로 원자량에 g을 붙인 그램원자 또는 그램 아톰이라는 단어를 쓴다. 이런 경우에도 화학에서는 일단 기본입자는 분자로서 다루게 되어 있으므로 영족기체인 경우에는 **1원자분자**라는 말이 쓰이고 있다.

원자·분자의 질량

그러나 이러한 분자량 또는 원자량이 결정되더라도 그것들은 어디까지나 비교값이므로 이것만으로는 개개 분자나 원자의 질량을 알 수 없고, 또 일정한 부피를 갖는 가스 속 분자의 수가 같은 수라고 하더라도 그 수가 몇 개인가를 알 수는 없을 것이다. 그렇다면 실제의 원자 하나하나 또는 분자 하나하나의 질량을 알고 싶을 때는 어떻게 하는 것이 좋을까?

물론 오늘날에는 그 질량이 분명하게 결정되어 있다. 그리고 양성자, 중성자, 전자 등 소립자의 질량도 정확하게 알려져 있다. 그렇다면 도대체 어떤 저울을 사용하여 그런 극히 미세한 입자의 무게가 측정되었을까? 이것을 해낸 사람이 바로 미국의 물리학자 밀리컨(Robert Andrews Millikan, 1868~1953)이었다. 그것은 1909년의 일이었는데 그는 질량분석계와 같은 현대식 계기(計器)는 별로 사용하지도 않았고 아마 누구든지 조금만 재치있게 한다면 그다지 어렵지 않으리라고 생각되는 방법으로 실로 멋지게 전자나 수소원자를 비롯한 여러 가지 원자의 질량을 측정하는 데 성공한 것이다.

밀리컨의 실험

밀리컨은 맨 처음에 극히 미세한 기름입자가 띠고 있는 전하(電荷)를 측정하는 방법을 연구했다. 그러기 위해서는 먼저 노즐(nozzle)로부터 뿜어 나오게 해서 미세한 기름의 안개방울을 만든다. 그리고 그 기름방울이 공기 속을 천천히 낙하하는 속도를 측정하고 이것을 바탕으로 기름방울의 무게를 계산하기로 했다. 그런데 액체를 노즐에서 세게 뿜어 나가게 하면 그때 정전기가 일어나서 방전의 불꽃이 튄다는 것은 여러 가지 고압 유동체

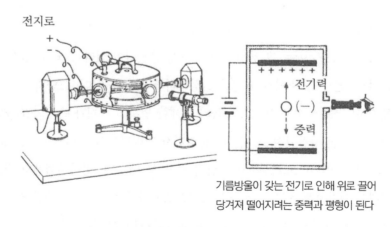

기름방울이 갖는 전기로 인해 위로 끌어
당겨져 떨어지려는 중력과 평형이 된다

그림 6-5 │ 밀리컨의 실험장치와 기름방울의 실험

를 다룰 적에 흔히 경험하는 일인데 밀리컨의 실험에서도 노즐에서 분출한 기름입자는 정전기를 띤다는 것이 관찰되었다. 그래서 밀리컨은 기름방울이 띠고 있는 전하를 측정하기 위해 기름방울이 낙하하는 상자 속에 두 장의 금속극관을 설치하고 그 위의 판에는 양극을 접속하고 아래 판에는 음극을 접속해서 두 극 간에 전압을 걸어 그 사이에 기름입자를 뜨게 했다.

기름의 입자는 노즐에서 분출되었을 때 음전기를 띠고 있다. 그러므로 두 극 간의 전기장에 의해서 낙하가 방해된다. 전극 간의 전압을 적당히 조절해 주면 기름입자가 꼭 알맞게 공기 속에 정지할 만한 힘의 평형이 생기게 된다.

전계강도 × 입자의 전하 = 입자의 무게

이와 같은 평형에 대해서 기름입자의 무게는 미리 측정되어 있는 데다 전계강도는 전지의 전압과 두 극 간의 거리로부터 계산되므로 위의 관계식에서 금방 입자의 전하를 구할 수가 있었던 것이다.

밀리컨이 발견한 사실

이러한 실험을 시도한 결과 밀리컨은 무척 재미있는 사실을 발견했다. 그것은 기름의 미립자가 띠고 있는 전하의 양은 각각 다르더라도 그 변화는 연속적이 아니고 단계적으로 변화한다는 것, 즉 전하에 양자(量子)가 존재한다는 것을 알아낸 것이다. 이것은 기름방울이 가리키는 전기량은 언제나 어떤 단위 전기량의 정수배가 되어 있다는 것이 확인되었기 때문이다.

측정 전하(E)	정수(N)	E/N 쿨롱
쿨롱		
8.20×10^{-19}	5	1.64×10^{-19}
6.55×10^{-19}	4	1.64×10^{-19}
16.37×10^{-19}	10	1.64×10^{-19}
13.11×10^{-19}	8	1.64×10^{-19}

표 6-6 | 밀리컨이 발견한 사실

이렇게 모든 전하는 1.64×10^{-19}쿨롱이라는 전기량의 정수배로 되어 있다는 것을 알았다. 이 전기량의 단위는 후에 더욱 정확하게 조사되어 1.6021×10^{-19}라는 값으로 결정되어 오늘날 e라는 기호로써 쓰이고 있는 전기량의 단위이다.

전자의 전기량과 질량

그런데 그보다 앞서 1890년에 영국의 톰슨(Joseph John Thomson,

1856~1940)이 전자를 발견했는데, 그 무렵에는 아직 전자 하나하나가 갖는 질량과 전기량은 잘 알려져 있지 않았다. 다만 전자선(電子線)에 관해서 전기량을 합계한 값과 합계한 질량의 값과의 비는 구해져 있었다. 그것은

$$\frac{e}{m} = 1.76 \times 10^{11} \text{쿨롱} / \text{kg}$$

이라는 값이었다. 즉 이 비는 전자 한 개에 대해서도 그 전기량과 질량과의 비라는 것은 말할 나위도 없다.

그런데 지금 밀리컨이 얻은 전기량의 단위 e라는 것은 당연히 전자 한 개가 갖는 전기량에 틀림없다. 그것은 전자는 항상 단위전기량의 음전하를 갖는 입자이기 때문인데 따라서 지금 e의 값이 1.6021×10^{-19}쿨롱이라는 것을 알았으므로 앞의 식에 이 값을 대입하면 m, 즉 전자의 질량을 곧 계산할 수 있게 된다.

그 값은

$$m = 9.1 \times 10^{-31} \text{kg}$$

으로 결정되었다.

수소원자의 질량

이렇게 전자의 질량, 즉 무게가 밝혀졌다. 그렇게 되자 이번에는 마찬가지로 해서 원자의 질량을 각각 계산할 수 있게 된다. 그렇다면 우선 수소원자부터 시작해야 하는데 수소는 물을 전기분해하면 간단히 발생시킬 수 있다.

그러므로 전기분해로 발생한 수소의 양을 측정하고, 그때 사용된 전기량을 측정해 보았더니 전기량과 질량의 비는

$$\frac{e}{mH} = 9.57 \times 10^7 쿨롱/kg$$

이라는 결과가 나왔다. e의 값은 이미 1.6021×10^{-19}쿨롱임을 알고 있으므로 그것을 대입하면 수소의 질량 mH는

$$mH = 1.67 \times 10^{-27} kg$$

이라는 값이 되는 것이다.

그 밖의 원자의 질량

자 이것으로 나머지 전부의 원자의 질량은 각각 수소원자의 질량을 바탕으로 해서 계산할 수 있게 되었다. 원자 무게의 비인 원자량은 이미 다 알고 있기 때문이다. 즉, 각 원소의 원자량과 수소의 원자량의 비에 수소의 질량값을 곱하면 된다. 이를테면 금의 경우라면 그 원자량은 196.967이므로

$$\text{금원자의 질량} = 1.67 \times 10^{-27} \times \frac{196.967}{1.008} = 3.27$$
$$\times 10^{-25} \text{kg}$$

이 된다.

이렇게 해서 마침내 원자의 질량, 전자의 질량과 각 원자핵의 질량이 밝혀졌고 또 원자의 크기도 계산할 수 있게 되어 드디어 원자의 구조를 해명할 기초가 다져졌다.

7장

분자와 원자를 보다

7. 분자와 원자를 보다

분자, 원자를 볼 수 있는가?

모든 물질이 분자 또는 원자로 되어 있다고 하면 우리는 어떻게 해서든지 그 모습을 눈으로 잡아 보았으면 하는 욕심이 생긴다. 그러나 원자의 크기는 1/1억 ㎝라는 미세한 것이라고 한다. 그리고 분자는 이와 같은 원자 몇 개가 결합해서 만들어진 것으로 이것도 또 수천만분의 1㎝나 수백만분의 1㎝라는 크기에 지나지 않을 것이다. 따라서 1000배 정도의 배율을 가진 광학현미경으로는 도저히 보이지도 않고, 또 전자현미경을 썼다고 해도 그 배율이 수만 배에서 수십만 배 정도니까 이것 또한 육안으로 볼 수 있는 크기까지는 확대해 주지 못한다.

분자의 사진 촬영에 성공

영국의 브래그(William Lawrence Braag, 1890~1971)는 천재적인 수법으로 분자의 사진을 찍는 데 성공했다. 그것은 X선을 쓰는 방법인데 X선은 파장이 짧고 해상력이 뛰어나기는 해도, X선을 굴절시켜 현미경처럼 확대시킬 수 있는 렌즈를 만들 수는 없다. 그러나 브래그는 렌즈 없이 확대상

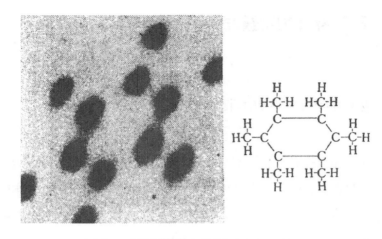

그림 7-1 | 헥사메틸벤젠의 분자 사진과 구조식

을 얻는 방법을 고안해냈다. 그것은 현미경의 기능에 관한 아베(Ernst Abbé, 1840~1905) 이론을 응용한 것으로 현미경의 기능은 먼저 원도를 다수의 별개의 선도형(線圖形)으로 분해한 다음에 개개 도형을 확대하여 그것들을 다시 겹쳐 맞추는 것이다.

그래서 그는 그 분자의 모습을 보고자 하는 대상물질의 결정에 대해서 우선 여러 각도로부터 많은 X선회절상을 만들고 이 상들을 하나하나 확대한 다음, 사진의 인화지에 겹쳐서 인화하는 방법을 취했다. 그렇게 그는 마침내 분자의 사진을 찍는 일에 성공했다.

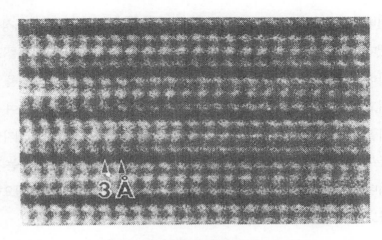

그림 7-2 | 전자현미경으로 본 YbFe₂O₄의 결정

헥사메틸벤젠의 분자 사진

〈그림 7-1〉은 헥사메틸벤젠(hexamethylbenzene)의 분자를 1억 배 이상으로 확대한 사진인데 수소원자는 너무 작아서 나타나 있지 않으나, 탄소의 원자는 검은 점으로서 명료하게 찍혀 나왔다. 더구나 그 배열은 뚜렷이 헥사메틸벤젠의 구조식을 가리키고 있다. 참으로 놀라운 일이다.

원자의 사진촬영에도 성공

최근에 와서 미국 펜실베이니아 대학의 뮐러(E. W. Müller) 교수는 원자현미경이라고도 할 장치를 고안하여 직접 원자의 사진을 촬영하는 데 성공했다. 그 원리는 전자현미경과 비슷하지만 결정 속 원자의 배열상태를 조사하는 데 쓰는 파는 전자가 아니고 고속도의 헬륨원자핵이라는 특징을 지니고 있다. 이런 종류의 현미경은 되도록 파장이 짧은 파동을 사용하여 검사할 물체의 상을 포착하는 것이 좋으나 전자현미경의 경우 전자는 입자인 동시에 파동의 성질을 가지고 있으므로 그것을 광선 대신으로 이용하는 것이다. 그리고 원자의 사진을 찍는 데는 그것보다 훨씬 짧은 파장이 필요하다고 해서 고에너지의 헬륨원자핵을 쓰게 된 것이다.

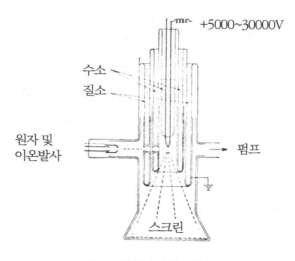

그림 7-3 | 뮐러의 원자현미경

뮐러의 원자현미경

이 뮐러의 현미경이라는 것은 피검체(被檢體) 물질의 가느다란 바늘과 그 끝에 충돌시키는 입자를 발사하는 이온총과 수상스크린으로 구성되어 있다. 이 사진의 경우라면 텅스텐의 바늘 끝을 특수한 에칭법(etching)으로 반지름을 1/10만 ㎝ 이하로 뾰족하게 만들고 그 끝에 이온총으로부터 헬륨이온을 충돌시킨다. 헬륨이온은 바늘 머리에 충돌한 후 다시 튕겨져서 수상스크린의 감광판 위에 200만 배~1000만 배라는 확대상을 만든다. 현미경 전체는 시료물질의 분자운동으로 상이 흐려지는 것을 막기 위해서 액체수소를 사용하여 -252℃까지 냉각해 둔다. 이렇게 해서 텅스텐 또는 레늄(Re) 결정의 원자배열을 촬영했는데 거미집에 부착한 물방울처럼 하나하나의 원자를 뚜렷하게 우리 육안에 비춰내는 데 성공한 것이다.

원자의 형태

이렇게 우리는 물질이 모두 원자로써 구성되어 있다는 것을 간접으로 추측할 뿐만 아니라 뚜렷이 볼 수도 있게 된 것인데, 이미 원자의 존재는 어떠한 입장에서도 의심할 수 없게 되었다.

그렇게 되자 이번에는 원자란 어떤 모양을 하고, 또 어떤 구조로 이것들이 서로 결합해서 분자를 만드는가 하는 것이 알고 싶어진다. 돌턴이 원자론을 확립한 이후 과학자들은 어떻게 해서 원자의 참모습을 확인할 수 있었을까? 돌턴은 원자의 형태나 구조에 대해서 특별한 견해를 말하고 있지 않은 듯하지만 그가 만든 원자기호로부터 추측하면 역시 구형의 입자라고 생각하고 있었는지도 모른다.

리드베리의 상상

스웨덴의 리드베리(Johannes Robert Rydberg, 1854~1919)는 원자 간의 반응성을 고려하여 매우 재미있는 원자의 형태를 생각하고 있었다. 그는 원자가 각기 다른 형태를 하고 있으며 그 형상과 결합력에는 관계가 있을

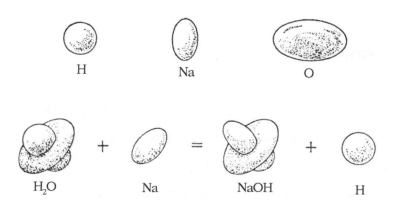

그림 7-4 | 리드베리의 원자 모형

것이라고 상상했다. 이를테면 그는 수소원자는 탁구공 같은 모양을 하고 산소원자는 도넛형을 하고 있다고 가정해 보았다. 그렇게 되면 수소원자 2개와 산소원자 1개가 결합해서 물의 분자를 형성한다는 메커니즘을 잘 설명할 수 있다. 즉 〈그림 7-4〉처럼 도넛의 구멍 양쪽으로부터 탁구공이 2개 끼어들어 가는 형태인 것이다.

다음에 리드베리는 물속에 금속나트륨을 집어넣으면 수소가스가 발생하여 한쪽에 수산화나트륨이 생기는 반응을 생각해 보았다. 그는 나트륨의 원자는 럭비공처럼 길쭉한 타원형이라고 가정해 보았다. 그렇게 되면 물속에 나트륨이 들어가면 이쪽이 도넛의 구멍에 끼기 쉬우므로 다른 쪽의 수소원자를 쫓아내고 거기에 끼어든다는 설명이 가능해진다. 그리고 모든 화학반응은 이와 비슷한 구조로써 일어난다고 했는데 이것으로는 도저히 수많은 원자의 형태나 그 결합방법을 하나하나 해결하기는 불가능했다. 따라서 이 즐거운 리드베리의 원자 모형도 그것으로 끝장이 난 것은 말할 나위도 없다.

그리고 원자는 후에 리드베리의 상상과는 전혀 다른 형태로 우리 앞에 모습을 나타내게 되었다.

8장

원소 성질의 주기성

8. 원소 성질의 주기성

원소 성질의 분류

물질이 원자로 구성되어 있고 그 원자의 각각의 질량도 밝혀졌으니 이번에는 원자의 구조가 어떻게 되어 있는가 하는 것이 당연히 문제가 된다. 그러나 그보다 먼저 각 원소의 원자는 서로 어떤 관련성이 있는 것이 아닐까 하는 의문이 생길 것이다. 그래서 일단 여러 가지 원소의 원자를 늘어놓고 정리해서 그들의 성질에 유사성이 있는 것을 찾아내 분류하는 일, 그것은 동물학이나 식물학 등에서 하는 분류와 비슷할지 모르나 화학자도 그와 같은 일을 시도하게 되는 것이다.

프라우트의 가설

이런 연구는 이미 돌턴 시대에 프라우트(William Prout. 1785~1850)가 시도하고 있었다. 그는 여러 가지 원소를 원자량의 차례로 배열해 본 결과 모든 원자는 수소원자를 바탕으로 해서 이루어져 있는 것이 아닌가 생각했던 것이다. 그것은 많은 원소의 원자량이 대체로 수소원자량의 정수배가 되어 있는 것처럼 생각되었기 때문이다. 즉 다음 표에서 보는 것과 같다.

물론 프라우트의 가설에서는 표에서 보는 바와 같이 마그네슘이나 염소 등이 예외라는 것과 어느 것이나 모두 소수점 이하의 값이 붙어 있다는 사실을 설명할 수는 없었다. 그 당시에는 동위원소의 존재는 생각하지도 못했던 것이고 따라서 모처럼의 프라우트의 설도 인정받을 수 없게 되어 버렸던 것이다. 그러나 원자가 수소원자로써 되어 있는지 어떤지는 별문제로 하고 아무튼 원자량의 순서로 배열하면 대체로 수소를 1로 해서 그 정수배에 가까운 값을 취한다는 것은 사실이며, 그것은 각 원자 간에 어떤 연관성이 있다는 것을 추측하기에 충분한 현상이라고 말할 수 있을 것이다.

원소		원자량	원소		원자량
수소	H	1.00797	네온	Ne	20.183
헬륨	He	4.0026	나트륨	Na	22.9898
리튬	Li	6.939	마그네슘	Mg	24.312
베릴륨	Be	9.0122	알루미늄	A1	26.9815
붕소	B	10.811	규소	Si	28.086
탄소	C	12.01115	인	P	30.9738
질소	N	14.0067	황	S	32.064
산소	O	15.9994	염소	CL	35.453
플루오르	F	18.9984	아르곤	Ar	39.948

표 8-1 | 원소와 원자량

원소의 화학적 성질

여러 가지 원소에 대해서 그 성질을 살펴보면 상온에서 고체가 있고 액체가 있으며 또 기체인 것도 있고 타기 쉬운 것, 타기 어려운 것, 광택이 있고 전기를 전하기 쉽고 연전성(延展性)을 갖는 금속의 성질을 지니는 것이 있다. 그런가 하면 영족기체처럼 다른 원소와 결합하지 않는 것도 있다. 이른바 화학적 성질이라는 것도 상당히 다양한 종류가 있는 것 같다.

멘델레예프의 주기율표

1869년이니까 지금부터 약 백오십여 년 전의 일인데 러시아의 멘델레예프(Dmitri Ivanovich Mendeléev, 1834~1907)가 흥미로운 현상을 발견했다. 그것은 오늘날의 원자량을 차례로 배열한 원소의 표에 대해서 하나하나 원소의 성질을 조사해봤더니 아무래도 일정한 순번마다 화학적 성질이 비슷한 원소가 나타난다는 사실에 착안했다. 그는 원소의 속성(屬性)에 주기성이 있는 것이라고 생각하고 이 원소들의 성질을 정리하여 훌륭한 원소의 주기율표라는 것을 만들었다. 이 주기율표는 원소의 화학적 성질의 분류뿐 아니라 아직 발견하지 못한 원소의 성질까지도 예언하게 되었는데, 이를테면 그는 이 표에서 발견하지 못한 32번 원소의 존재와 성질을 예언하여 이것에 에카—규소(eka-silicon)라는 이름을 붙였다. 그리고 이

원소는 15년 후에 독일의 빈클러(Clemens Alexander Winkler, 1838~1904)가 실제로 발견했으며 그 성질은 멘델레예프가 예언한 그대로였다. 이 원소가 바로 오늘날 트랜지스터에 사용되어 일렉트로닉스의 대혁명을 가져오게 한 게르마늄이다.

멘델레예프가 당시에 발표했던 논문에는 「원소를 원자량의 크기 순서로 배열하면 성질의 주기적 변화가 인정된다」라고 표현하고 있는데 멘델레예프는 이 주기율표에 모든 원소가 빈칸이 없이 배열되어야 하며 만약 표 속에 빈칸이 있으면 거기에는 아직 발견되지 않은 원소가 숨어 있을 것이라고 생각했다. 그리고 만약 그와 같은 미지의 원소가 존재했을 때 그 성질은 빈칸 주위의 이미 알려져 있는 원소의 성질로부터 추측할 수 있다고 말했다. 후에 그의 예언에 따라서 게르마늄 외에도 갈륨(Ga)과 스칸듐(Sc)이 발견되어 그가 지적한 위치에 해당하는 성질을 가지고 있다는 사실이 밝혀졌다.

오늘날의 주기율표

어쨌든 멘델레예프의 주기율표에서는 원자량의 크기 순서에 따라 원소가 배열되었으므로 마땅히 그중에는 성질이 맞지 않는 것도 나타나게 된다. 그러나 오늘날에는 이미 원자량으로 배열하지 않고 원자핵 주위를 돌고 있는 전자 수의 차례, 즉 원자번호의 순서대로 배열되게 되었으므로 주기율표는 엄연히 원소의 성질과 그 사이의 관계를 명시할 수 있게 되었다.

리본형 주기율표

그렇다면 그 원소의 주기성이라는 것은 어떻게 나타나는 것일까? 이처럼 비슷한 성질이 나오는 주기라는 것 맨 처음부터 끝까지 똑같다는 것은 아니다. 예를 들어, 가장 처음이 두 개이고 그 이후 8개마다, 그다음은 18개마다 주기성을 띠게 된다. 거기서 지금 주기율표를 만들어 보기로 하자. 먼저 한 개의 기다란 테이프를 준비하여 그 한끝에서부터 세로로 일정한 폭으로 선을 긋고 수소부터 우라늄에 이르기까지의 원소의 이름을 원자번호 순으로 1에서 92까지, 인공 초우라늄원소까지 넣는다면 106까지 차례로 써넣어 간다.

다음에는 첫 번째의 수소와 두 번째의 헬륨 두 개만을 제1블록으로 해서 다음의 세 번째와의 사이를 굵은 줄로 구분하고 다음에 제2블록과 제3블록은 각각 8개의 원소를 넣어서 각각 굵은 줄로 그은 다음, 다시 제4블록과 제5블록에는 각각 18개의 원소를, 그리고 제6블록에는 32개의 원소를 넣고 마지막 제7블록에는 우라늄까지의 6개의 원소가 들어가도록 한다. 만약 초우라늄원소를 넣는다면 제7블록의 우라늄 다음에 계속 시키면 된다.

그리고 이 테이프를 〈그림 8-2〉처럼 나선 모양으로 말면서 각 블록의 굵은 줄이 같은 수직선상에 일직선으로 늘어서도록 맞추면 블록 속의 각

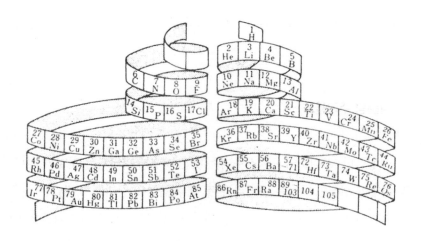

그림 8-2 | 리본형 주기율표

원소도 각각 상하로 늘어서서 주기율표가 만들어질 것이다. 다만 첫 번째 블록에는 원소가 둘뿐이므로 여기서는 작게 감아야 하며, 또 57번부터 71번까지의 희토류(稀土類) 원소나 89번부터 103번까지의 원소는 각각 한군데로 밀어 넣고 이 부분은 전용의 다른 작은 코일로 해서 돌출시켜 놓는다.

이 주기율표에서는 맨 처음의 블록이 두 개의 원소, 다음의 두 블록이 8개, 그다음의 두 블록이 18개, 그리고 그 뒤가 32개의 원소를 갖게 되는데 이처럼 각 블록의 원소의 수는 무의미한 수가 아니고 각각 1, 2, 3, 4라는 수의 제곱의 2배로 되어 있는 것이다.

엄연한 주기성

이러한 사실은 각 원소의 성질이라는 것의 원인에 어떤 양적인 관련성이 있다는 것을 추측하게 하는데 각 원소의 성질을 살펴보면 매우 흥미로운 사실을 인정하게 된다. 우선 제1블록은 수소에서 시작하여 영족기체인 헬륨으로 끝난다. 다음은 리튬(Li)에서 시작하여 이것도 영족기체인 네온으로 끝나고, 제3블록에서는 나트륨에서 시작하여 이것 또한 영족기체인 아르곤에서 끝난다. 제4블록은 칼륨에서 시작하며 이 블록 내의 원소의 수는 상당히 많아져 있지만 이것도 역시 크립톤(Kr)이라는 영족기체로 끝난다. 즉 어느 블록에서도 시작은 알칼리금속이고 끝나는 것은 영족기체인 것이다. 따라서 블록의 경계선을 따라가며 세로줄에는 알칼리금속과 영족기체가 배열되는 것이다.

그러나 그것은 알칼리금속과 영족기체만이 아니라 다른 세로줄을 살펴보더라도 어디서나 마찬가지로 비슷한 성질의 원소가 배열돼 있다는 것을 알게 될 것이다. 이를테면 29번 원소인 구리 바로 아래는 은이고 또 그 아래는 금이어서 이 세 금속은 예로부터 성질이 비슷한 트리오(trio) 원소로 알려져 있다. 한편 9번 원소는 할로겐원소인 플루오르인데 그 아래는 염소, 다음이 브롬, 그리고 마지막에는 요오드로 모두가 할로겐원소로 되어 있다. 이렇게 해서 어느 세로줄도 비슷한 성질의 원소가 되는 셈인데, 위의 영족기체는 비활성가스로서 다른 원소와는 가장 화합하기 어려운 가스이다. 또 원자가 한 개인 채로 산소나 수소처럼 2원자로써 분자를 만들지 않는

족 / 주기	I a	I b	II a	II b	III a	III b	IV a	IV b	V a	V b
1	수소 $_1$H 1									
2	리튬 $_3$Li 7		베릴륨 $_4$Be 9			붕소 $_5$B 11		탄소 $_6$C 12		질소 $_7$N 14
3	나트륨 $_{11}$Na 23		마그네슘 $_{12}$Mg 24			알루미늄 $_{13}$Al 27		규소 $_{14}$Si 28		인 $_{15}$P 31
4	칼륨 $_{19}$K 39	구리 $_{29}$Cu 63.5	칼슘 $_{20}$Ca 40	아연 $_{30}$Zn 65.4	스칸듐 $_{21}$Sc 45	갈륨 $_{31}$Ga 70	티탄 $_{22}$Ti 48	게르마늄 $_{32}$Ge 72.6	바나듐 $_{23}$V 51	비소 $_{33}$As 75
5	루비듐 $_{37}$Rb 85.5	은 $_{47}$Ag 108	스트론튬 $_{38}$Sr 87.6	카드뮴 $_{48}$Cd 112.4	이트륨 $_{39}$Y 88.9	인듐 $_{49}$In 115	지르콘 $_{40}$Zr 91	주석 $_{50}$Sn 119	니오브 $_{41}$Nb 93	안티몬 $_{51}$Sb 122
6	세슘 $_{55}$Cs 133	금 $_{79}$Au 197	바륨 $_{56}$Ba 137	수은 $_{80}$Hg 201	란탄계열 57~71	탈륨 $_{81}$Tl 204	하프늄 $_{72}$Hf 179	납 $_{82}$Pb 207	탄탈 $_{73}$Ta 181	비스무트 $_{83}$Bi 209
7	프란슘 $_{87}$Fr (223)		라듐 $_{88}$Ra (226)		악티늄계열 89~103		104		105	
원소의 분류	알칼리금속 (수소)	구리족	알칼리토류 (베릴륨족)	아연족	회토류	칼륨족 (붕소족)	티탄족	탄소족	바나듐속	질소족

라탄계열	란탄 $_{57}$La 139	세륨 $_{58}$Ce 140	프라세오디뮴 $_{59}$Pr 141	네오디뮴 $_{60}$Nd 144	프로메튬 $_{61}$Pm (147)	사마륨 $_{62}$Sm 150.5	유로퓸 $_{63}$Eu 152
악티늄계열	악티늄 $_{89}$Ac 227	토륨 $_{90}$Th 232	프로트악티늄 $_{91}$Pa (231)	우라늄 $_{92}$U 238	넵투늄 $_{93}$Np (237)	플루토늄 $_{94}$Pu (242)	아메리슘 $_{95}$Am (243)

(원소기호의 왼쪽 숫자는 원자번호, 아래 숫자는 원자량의 개략적인 수, (   )속의 숫자는 가장 안정한 동위원소의 질량수)

표 8-3 | 보통의 주기율표

VI a	VI b	VII a	VII b	VIII			0
							헬륨 $_2$He 4
산소 $_8$O 16			플루오르 $_9$F 19				네온 $_{10}$Ne 20
황 $_{16}$S 32			염소 $_{17}$C1 35.5				아르곤 $_{18}$Ar 40
크롬 $_{24}$Cr 52	셀렌 $_{34}$Se 79	망간 $_{25}$Mn 55	브롬 $_{35}$Br 80	철 $_{26}$Fe 56	코발트 $_{27}$Co 59	니켈 $_{31}$Ni 70	크립톤 $_{36}$Kr 84
몰리브덴 $_{42}$Mo 96	델루르 $_{52}$Te 1.28	테크네튬 $_{43}$Tc (99)	요오드 $_{53}$I 127	루테륨 $_{44}$Ru 101	로듐 $_{45}$Rh 103	팔라듐 $_{46}$Pd 106	크세논 $_{54}$Xe 131
텅스텐 $_{74}$W 184	폴로늄 $_{84}$Po 210	레늄 $_{75}$Re 186	아스타틴 $_{85}$At (210)	오스뮴 $_{76}$Os 190	이리듐 $_{77}$Ir 192	백금 $_{78}$Pt 195	라돈 $_{86}$Rn (222)
크롬족	산소족	망간족	할로겐족	철족		백금족	영족기체

가돌리늄 $_{64}$Gd 157	테르븀 $_{65}$Tb 159	디스프로슘 $_{66}$Dy 162.5	훌륨 $_{67}$Ho 165	에르븀 $_{68}$Er 167	툴륨 $_{69}$Tm 169	이테르븀 $_{70}$Yb 173	루테늄 $_{71}$Lu 175
퀴륨 $_{96}$Cm (247)	버클륨 $_{97}$Bk (247)	칼리포르늄 $_{98}$Cf (251)	아인시타이늄 $_{99}$Es (254)	페르뮴 $_{100}$Fm (253)	멘델레븀 $_{101}$Md (256)	노벨륨 $_{102}$No (254)	로렌슘 $_{103}$Lw (257)

이른바 단원자분자(單原子分子)인데 이 영족기체류는 멘델레예프 시대에는 아직 알려져 있지 않았던 것이다. 이 영족기체류들은 최근까지 완전한 비활성원소라고 믿어 왔으나 오늘날에는 비교적 쉽게 할로겐화합물을 생성한다는 사실이 발견되었다. 따라서 완전한 비활성원소는 존재하지 않는다.

멘델레예프의 공적

멘델레예프가 주기율표를 만들었을 당시에 알려져 있던 원소의 수는 75종에 불과했다. 그러므로 이들 원소만으로 주기율표를 만들었다는 것은 상당히 뛰어난 상상력을 구사했던 것이 틀림없는데 당시는 그의 연구를 지적 유희 따위로 비평하는 학자도 있었을 정도다. 그리고 그의 주기율표에는 17개의 빈칸이 있었는데 그 빈칸에는 어떤 미지의 원소가 숨어 있다는 것을 가리킨다. 이때 그 성질은 그 상하의 원소의 성질로부터 예측할 수 있었던 것은 당연한 일로, 이윽고 이 빈칸이 모두 채워지게 되었음은 말할 나위도 없다. 따라서 멘델레예프의 연구는 유희 따위가 아니고 현실적으로 화학의 진보에 중대한 역할을 한 것이다.

그 역할은 새로운 원소의 발견과 이어진다는 것뿐만 아니라 더 나아가 근대화학, 근대물리학의 발전을 위한 기초가 되었던 것이다. 수소에서부터 우라늄까지 원자번호 순으로 배열한 원소가 성질상 주기성을 가리키고 그것이 2개, 8개, 18개, 32개로 규칙적인 간격을 두고 나타난다는 것은 각각이 원자구조와 관계가 있으며 더구나 그것이 구조물의 성분인 어떤 물질이나 수량과 관련이 있다는 것을 상상할 수 있다. 그것은 오늘날에는 전자수이며 또 원자핵 내의 양성자 수라는 것이 알려져 있다. 이와 같은 구조를 생각해 내는 데 주기율표가 중요한 자료가 되었던 것은 의심할 바 없다. 더구나 원소가 갖는 화학적 성질은 화학결합력에서 유래하지만, 그것이 또 원자구조와 관계가 있다는 것도 이 주기율표로부터 추측하게 되는 것이다.

멘델레예프는 이 주기율표의 작성으로 천재적 화학자로서 널리 알려졌으나 그 밖에도 여러 가지 많은 연구를 한 학자이다. 현실적인 문제로는 바쿠(Baku)의 유전개발에도 관여했고 또 오늘날 러시아(구소련)에서 하고 있는 석탄 지하 가스화법, 즉 지하의 탄층 속에 산소와 수증기를 넣어 보내 불을 붙여 연료가스로 해서 지상으로 유도하는 방법인데, 이 지하 가스화법의 구상을 세운 것도 멘델레예프였다는 것은 잘 알려진 사실이다. 주기율표와 더불어 그의 상상력의 풍부함을 보여주는 것이라 생각된다.

보통의 주기율표

주기율표는 이렇게 해서 리본형으로 그려나가면 알기 쉽다. 실제로 사용할 경우에는 한 장의 도표로 해서 그 속에서 모든 중요한 성질이 한눈에 뚜렷이 알 수 있는 것이 바람직하므로 보통 교과서에서 보는 바와 같이 〈표 8-3〉과 같은 형태로 만들어지고 있다.

9장

원자의 구조
– 양성자, 중성자, 전자

9. 원자의 구조- 양성자, 중성자, 전자

원소의 화학적 성질과 원자의 구조

멘델레예프의 주기율표에 의해 원소가 갖는 화학적 성질이 어느 정도 분류되고, 원자번호 순으로 배열하면 일정한 주기를 가지고 일정한 성질을 지닌 원소가 나타난다는 것이 밝혀졌다. 그러나 이와 같이 성질이 비슷한 원소라는 것은 결코 원자량이 비슷하다든가 원자번호가 이웃해 있다는 것은 아니다. 이를테면 원자번호가 79인 금은 원자량이 197.2로서 황금색을 띤 고체의 금속이다. 그런데 바로 이웃의 원자번호 80인 수은은 원자량이 200.6이며 금속이기는 해도 은백색의 액체이다. 전혀 비슷한 데가 없다고 해도 될 정도이다. 또 서로 흡사한 알칼리금속인 리튬과 칼륨에서는 원자번호가 3과 19로서 멀리 떨어져 있다.

이러한 성격이 무엇 때문에 생기는지는 멘델레예프 이전이었다면 그저 우연히 그렇게 되어 있는 것이라고 처리했을 것이다. 하지만 일단 주기성이 인정되고 그 성질이 원자량이나 원자번호의 함수라고 하게 되자 거기서 각 원자의 구조를 더 깊이 캐고 볼 필요를 느끼게 되었다.

원자의 구조에 관해서는 일찍이 리드베리가 여러 가지로 흥미있는 형태를 생각했었는데 원자가 하나하나 제멋대로의 형태를 하고 있다고 한다면 도저히 92종의 원자 형태와 그 결합을 설명할 수 없다. 그보다도 원소의 성질이 몇 개로 분류될 수 있고 그것이 주기성을 갖는다는 사실로부터 각 원소의 원자는 모두 비슷한 구조를 갖고 있으며, 그로 인해 화학적 성질이 원자량의 증가에 따라서 순환되는 구조라고 생각하는 것이 차라리 낫다. 이미 프라우트는 각 원자가 수소 원자를 단위로 해서 구성되어 있지 않은가 하는 제안을 했는데 그것도 확실히 근거가 있는 것처럼 생각되었던 것이다.

톰슨의 원자 모형

이와 같은 원자구조에 대해서 최초로 과학적인 메스를 가한 사람은 전자를 발견한 영국의 물리학자 톰슨이었다. 그는 각 원소의 원자는 양전하를 띤 부분과 음전하를 띤 부분으로 되어 있으며 이 부분은 서로 전기적인 힘으로 끌어당기고 있다고 생각했다. 다만 그의 사고방식은 오늘날의 원자구조와는 상당히 달라서 원자의 전체에 양전하가 균일하게 분포되고 그 내부에 음전하를 가진 입자인 전자가 떠 있다고 하는 형태의 것이었다. 원자 전체로서는 두 전하가 평형이 되어 전기적으로 중성이 되어 있는 것이다.

톰슨은 원자 속에 들어 있는 전자는 상당히 느슨하게 결합되어 있으므로 그중 몇몇은 원자 바깥으로 뛰쳐나올 수 있고 전자가 뛰쳐나간 뒤의 원자는 음전기가 줄어들기 때문에 양이온이 된다고 생각했다. 그리고 때로는 바깥으로부터 여분의 전자가 끼어드는 일이 있어서 이런 경우 원자는 음이

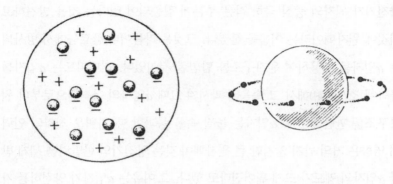

| 그림 9-1 | 톰슨의 원자 모형 | 그림 9-2 | 러더퍼드의 원자 모형 |

온이 된다고 했던 것이다.

그렇다면 톰슨의 원자 모형에서는 원소의 화학적 성질 등을 충분히 설명하기 어려웠다. 그러나 그는 이 사고방식을 토대로 여러 가지 실험을 통해 실제로 전자를 발견했고, 더구나 그 질량이 수소원자의 약 1/1840인 것을 발견했다. 그 결과 원자의 질량 대부분이 양전하를 띤 부분이라는 결론을 얻었던 것이다.

러더퍼드의 원자 모형

톰슨에 이어서 원자구조에 새로운 메스를 가한 사람은 러더퍼드(Ernest Rutherford, 1871~1937)이다. 그는 1911년에 원자가 갖는 질량의 대부분과 양전기가 원자의 중심 극히 작은 부분에 집중되어 있다는 것을 발견하고 이것에 원자핵이라는 이름을 붙였다. 그것은 라듐이나 폴로늄에서 방사되는 α입자를 이용하여 원자구조를 탐험한 것이었다. 러더퍼드는 α입자를 금박에 조사(照射)해서 그 속을 투과시켜 그때 α입자의 움직임으로부터 원자구조를 판단했는데, α입자는 물질 속을 통과할 때 가벼운 전자의 인력의 영향은 거의 받지 않지만 큰 원자핵이 갖는 양전기의 반발력을 세게 받아 α입자의 궤도가 크게 휘어진다고 했다. 그 이유는 α입자가 양전하를 가지고 있기 때문이며 러더퍼드는 금박을 통과하는 α입자의 분산상태로부터 계산하여 원자의 양전하를 가진 부분, 즉 핵의 크기는 원자 지름의 불과 1/1000에 지나지 않는다는 놀랄 만한 결론을 이끌어 냈던 것이다.

이상의 결과를 토대로 해서 원자는 그 중심에 작은 원자핵이라 부르는 양전하를 갖는 입자를 가지며 음전하를 갖는 전자군이 원자핵의 양전기와 평형이 될 정도의 수만큼 그 주위를 운동하고 있다는 마치 태양과 그 행성을 연상시킬만한 러더퍼드의 원자 모형이 만들어졌다. 같은 무렵 일본에서도 나가오카 한타로(長岡半太郎, 1865~1950)가 원자의 구조를 생각하여 마찬가지로 태양계를 닮은 원자 모형을 발표했다.

전자의 수

그런데 원자라는 것이 러더퍼드가 발표한 것과 같은 구조를 갖고 있다고 하면 도대체 원자의 중심에 있는 원자핵은 얼마만 한 양의 양전하를 갖고 있을까? 그것은 α입자가 분산되는 정도를 측정하면 그것으로부터 계산할 수 있을 것이다. 그리고 원자핵의 전하량을 알게 되면 이것과 평형되는 전자의 음전하도 밝혀질 것이다. 개개 전자가 갖는 단위전기량은 이미 밀리컨에 의해서 알고 있는 것이므로(제6장 참조) 그 값으로 나누면 원자핵 주위에 있는 전자의 수를 알 수가 있다. 그래서 러더퍼드는 이 방법을 써서 실험으로 여러 가지 원자가 갖는 원자핵 바깥의 전자의 수를 결정하는 데 성공했다.

우선 제일 가벼운 수소원자는 원자핵 주위에 단 한 개의 전자를 가지고 있을 뿐이다. 두 번째의 헬륨은 두 개의 전자를 가지며 세 번째의 리튬은 세 개의 전자, 네 번째는 베릴륨으로서 네 개의 전자, 다섯 번째의 붕소는 5개, 그리고 여섯 번째의 탄소는 6개의 전자를 갖고 있다는 것이 밝혀진 것이다. 이리하여 주기율표에 있는 각 원소의 원자는 각각 그 순서에 해당하는 수만큼의 전자를 가지는 것이 되었는데 짐짓 이상하게도 우연의 일치인 것처럼 느껴지기도 했다.

그러나 우연이라고는 할 수 없다. 그것은 참으로 중대한 뜻을 지니는 것으로서 주기율표에서의 원소에 가장 중요한 속성(屬性)인 원자번호라는 수는 사실은 다름 아닌 그 원자가 갖고 있는 전자의 수를 나타낸다는 것이었다. 그렇게 되면 당연한 귀결이기는 하지만 각 원소가 갖고 있는 화학적 성질이라는 것은 전적으로 그 원자가 갖는 전자의 수에 의해서 결정된다고 생각하게 된다. 이는 올바른 생각이어서 그렇게 되면 원소 사이의 화합력은 원자핵이 갖는 양전하와 전자가 갖는 음전하와 관계가 있으며 역시 전기적인 인력에서 생기는 것이 아닐까 하는 생각이 당연히 따라오게 된다.

전자의 배열과 원소의 화학적 성질

그러나 원소의 성질이 단지 원자가 갖는 전자의 수로써 결정된다고 하는 것만으로는 어째서 그렇게 되는지 그 이유를 설명할 수 없을 것이다. 마찬가지로 알칼리금속인 리튬과 나트륨을 비교해 보면 리튬의 전자는 세 개이고 나트륨은 11개, 다시 칼륨이 되면 19개가 되는데 3과 11과 19가 같은 성질이 되지 않으면 안 될 이유는 없을 것 같다. 다른 비슷한 원소의 경우에도 마찬가지여서 거기서 원소의 화학적 성질은 단지 전자수가 몇 개라는 것이 아니고 그 전자가 어떻게 배치되어 있는가에 따라 그 성질이 결정되는 수수께끼가 있을 듯하다. 더구나 주기율표는 일정 주기마다 비슷한 원소가 나온다는 것을 가리키고 있으므로 이것은 일정한 주기마다 전자의 배열이 비슷한 상태를 만들어 낸다는 것이 될 것 같다. 리튬 다음의 알칼리금속은 나트륨인데 전자의 수는 8개, 그다음의 알칼리금속 칼륨은 다시 8개가 더 증가해 있다. 즉 8개의 전자가 증가할 때마다 그 배열이 비슷한 상태를 취한다고 말할 수 있을 것 같다.

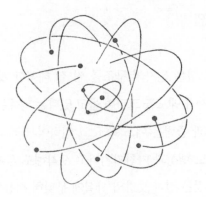

그림 9-3 | 보어의 원자 모형

보어의 원자 모형과 전자궤도

그렇다면 그와 같은 전자의 배열이란 어떤 모습을 생각하면 좋을까? 여기에서 태양계와 같이 몇 개나 되는 행성궤도를 생각하게 된다. 보어(Niels Bohr, 1885~1962)는 수소의 원자구조에 관해서 원자의 중심에 양성자가 한 개인 원자핵이 있고 그 주위를 한 개의 전자가 원을 그리며 회전한다는 가설을 세웠다. 그것은 원소가 높은 온도로 가열되었을 때 발생하는 스펙트럼에 관해서 착상되었는데 수소의 스펙트럼에 여러 개의 선이 나타나는 것으로부터 전자가 돌고 있는 궤도는 하나가 아니고 에너지가 증대하면 전자는 최초의 궤도에서 바깥 궤도로 옮겨 간다고 했던 것이다.

이리하여 「전자궤도」라는 개념이 생겨났는데 그것은 보어가 최초에 생각한 원궤도가 아니고 타원궤도였다.

양자역학의 도입

보어의 원자 모형은 원자의 구조를 썩 잘 해석한 것처럼 생각되었다. 원자핵 주위를 전자가 궤도를 그리며 돌고 있다는 형태는 태양계와 흡사하다. 전기적인 인력과 중력은 어느 쪽도 그 인력이 거리의 제곱에 반비례하므로 전자의 운동도 행성과 마찬가지라고 생각해도 부자연스럽지는 않을 것이다. 그러나 그것은 전혀 뜻밖의 사실에 부딪혀 적용될 수 없게 되어 버렸다.

그것은 원자 속의 전자는 태양계의 행성과는 달라서 전하를 띤 입자이기 때문에 대전한 물체가 진동하거나 회전하거나 하면 전자기파를 발사하는 결과, 에너지에 손실이 생기게 된다는 것이다. 그래서 1.6021×10^{-19}쿨롱이라는 전하를 가진 전자가 원자핵 주위를 궤도를 그리며 거세게 회전하고 있으면 거기에 강력한 전자기파가 발생하게 되므로 전자는 일정한 궤도를 계속하여 회전할 수가 없고 나선궤도를 그리면서 원자핵에 접근해 가다가 이윽고 회전하는 운동에너지를 상실하여 원자핵 속으로 떨어져 들어가 버릴 것이다. 전자의 하전량과 회전속도로부터 계산해 보면 전자가 전 에너지를 소비하여 원자핵으로 흡수되어 버리기까지의 시간은 불과 1,000만분의 1초 이하가 된다.

그러나 현실에서 전자는 원자핵 주위를 언제까지고 활발하게 계속 회전하고 있으며 원자의 구조 또한 조금도 붕괴하는 상태를 보이지 않기 때문에 고전적인 역학(力學)이 적용되지 않는 새로운 이유를 생각해 내지 않

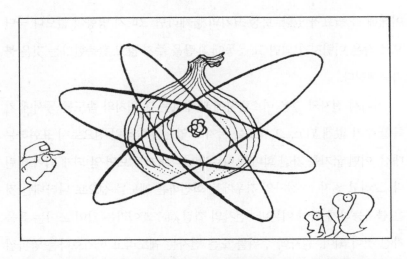

그림 9-4 | 원자핵 주위를 도는 전자는 선보다는 면 속을 돌고 있다고 생각해야 할 것이다

으면 안 된다. 이 모순을 도대체 어떻게 다루어야 할까? 그것은 우리 주위의 현상을 지배하고 있는 물리학적인 법칙이 전자와 같은 초미세한 물체에 대해서는 적용할 수 없다는 것을 뜻한다.

이 현상을 설명하기 위해 고전역학에 대해 양자역학(量子力學)이 탄생했는데 두 개의 다른 물체 사이에 작용할 수 있는 상호작용에는 「작용양지(作用量子)」라고 불리는 어떤 최저의 극한이 존재한다고 하는 발견에서 시작하는 것이다.

지금 수학적으로 정확한 궤도를 그리며 운동하는 물체가 있다고 한다면 그것은 그 궤도가 물리학적인 장치를 써서 관측할 수 있다는 것인데, 관측된다고 하는 것은 그 장치에 의해서 운동에 방해가 이루어진다는 것을 이해해 둘 필요가 있다. 보통 크기의 물체라면 그다지 영향이 없으나 극단으로 작은 미립자가 되면 그 운동에 혼란을 주지 않고 관측한다는 것은 불가능해진다.

거기서 전자와 같은 미소립자에 대해서는 그 위치와 속도를 동시에 기록할 수가 없게 되고, 그 궤도를 굵기가 없는 수학적인 선으로서 표현하는 대신, 어떤 굵기를 가진 희미한 띠로써 나타내지 않으면 안 되게 되어 버린다. 그리고 원자 속 전자의 경우에는 회전하는 궤도를 선으로 나타내는 것은 불가능하게 되어 이른바 「전자의 껍질」(電子殼)이라는 말이 쓰이는 폭을 가진 것이 되어, 원자핵 주위를 도는 전자는 궤도라고 하기보다는 양파껍질과 같은 면 속을 돌고 있다고 생각하는 편이 좋을 것이다.

그런 이유로 원자핵 주위를 도는 전자는 회전한다는 말을 사용하고는 있지만, 지구 주위를 인공위성이 회전하는 모습과는 전혀 다르게 되어 있는 것이 된다. 이와 같은 사정은 빛에 대해서도 일어나는 것으로 우리가 일상 관찰하는 빛은 광선이라 불리는 그대로 직선을 따라가며 전파해 가고, 기하광학(幾何光學)의 법칙을 좇아서 반사하거나 상을 맺거나 하고 있다. 그러나 매우 가느다란 빛의 흐름을 만들거나 빛의 파장에 가까울 정도의 틈새를 통과시키거나 하면 기하광학으로부터 빠져나가서 회절(回折)이라는 현상을 일으키게 된다. 빛은 직선적으로 진행하는 것이 아니고 광학기계가 차지하는 전 공간에 에너지가 연속적으로 분포해 있다는 모습을 가리키는 것이다.

이와 같은 광학적 현상과 전자의 운동에는 공통된 모습이 있는 것으로 빛도 물질입자도 미세해지면 수학적인 선을 따라서 움직인다는 사고방식은 성립하지 않게 된다. 대신 전 공간에 연속적으로 퍼져 있다는 해석이 필요하게 된다. 그래서 운동하는 미립자를 어떤 순간에 미리 정해진 장소에서 발견할 수는 없는 것이다. 몇몇 가능성이 있는 장소 중 어딘가 한 군데에서 발견될 확률이 있다는 것이다. 즉 입자의 위치는 「불확정성원리」(uncertainty principle)의 식으로 계산하는 범위 이상으로 정확한 위치는 예언할 수 없는 것이다.

뜬구름을 잡는 듯한 막연한 이야기가 되어 버렸지만, 구름이라고 하면 전자도 점이니 입자니 하는 개념을 버리고 희미한 모습을 갖는 「전자구름」(電子雲)이라는 형태로서 다루어진다. 사실은 앞에서 말했듯이 밀리컨의 측정으로 질량을 가진 물질이라는 것은 알고 있으나 그 물질의 입자인 전자는 파동의 성질도 아울러 갖추고 있다. 전자가 파동이라는 것은 옛날 일본의 기꾸찌(菊池正土)가 운모의 얄팍한 조각에 전자선(電子線)을 통과시켜 회절상을 얻은 실험으로도 밝혀졌지만, 오늘날 전자선의 극히 짧은 파장을 이용하여 금속표면의 결정상태나 물질의 화학구조를 아는 방법은 극히 예사롭게 행해지고 있다.

따라서 원자핵 주위를 회전하고 있는 전자의 운동이라는 것은 이미 역학적인 운동이 아니고 빛의 전파(傳播)와 같은 형태의 것이다. 거기에 전자가 전하를 가졌으면서도 언제까지고 원자핵 주위를 계속하여 회전할 수 있는 수수께끼의 열쇠가 있는 셈이다.

양자역학적 원자 모형

양자역학에 의한 해석으로써 보어의 설을 확장하여 새로운 원자의 모습을 그려낸 사람은 슈뢰딩거(Erwin Schrödinger, 1887~1961), 디랙(Paul Adrien Maurice Dirac, 1902~1984), 드 브로이(Louis Victor de Broglie, 1892~1987), 그리고 하이젠베르크(Werner Karl Heisenberg, 1901~1976)까지 네 명의 물리학자였다.

1926년 슈뢰딩거는 원자가 갖는 성질의 대부분을 해명할 수 있게 한 유명한 「슈뢰딩거 파동방정식」을 이끌어 냈다. 그리고 그것으로 수소원자의 원자궤도의 크기, 형태, 공간적 배치를 밝혔던 것이다.

수소의 원자구조에 대해서 보어는 원자 중심에 양성자 한 개의 원자핵이 있고 그 주위를 한 개의 전자가 원을 그리며 회전하고 있다고 생각했다. 이 경우 전자는 전자기파의 복사로 에너지를 상실하는 일이 없는 채로 회전을 계속하고 있는데, 이 전자가 바깥으로부터 에너지의 공급을 받으면 여기(勵起)되어 현재의 궤도로부터 바깥쪽 궤도로 뛰어 옮아간다. 따라서 한 개의 전자의 궤도는 하나가 아니라 여러 개가 존재할 수 있다는 것이 되며, 그들의 궤도를 결정하는 데 n이라는 번호가 사용되었다. n은 연속되는 정수이며 제일 작은 궤도에는 1이라는 값이 주어지고 두 번째의 큰 궤도는 2, 다음은 3이라는 식으로 n의 값이 정해진다.

이 형태는 수소의 스펙트럼과 전자 한 개가 상실되어 생성된 헬륨이온의 스펙트럼 설명에는 잘 들어맞지만 원자가 갖는 전자의 수가 두 개 이상

이 된 경우의 스펙트럼에는 적용되지 않는다. 그래서 타원궤도의 존재가
고안된 것이다.

수소의 원자에 관하여

수소원자에 대해서 슈뢰딩거의 방정식은 원자의 궤도 크기, 형태 및 공
간적인 배치의 정보를 네 개의 양자수(量子數) 또는 양자번호라 부르는 수에
의해서 부여한다. 원자가 갖고 있는 각각의 전자는 네 개의 양자수와 관련
되는데 그것은 전자의 에너지에 따라서 궤도의 크기를 결정하는 주양자수
n, 타원궤도의 이심률(離心率)을 가리키는 방위양자수(方位量子數) l, 전자가
차지하는 궤도의 공간적 배치를 부여하는 자기양자수(磁氣量子數) m 및 전자
가 자전하고 있는 스핀의 방향을 부여하는 스핀양자수까지 넷이다.

주양자수 n은 제로를 제외한 정수 1, 2, 3, 4, ……이며 그 수가 증가하
면 전자의 에너지가 증가하게 되고 원자핵으로부터의 전자궤도의 거리가
증대하는 것이 된다.

방위양자수 l은 0, 1, 2, 3, ……, ($n-1$)이며 타원궤도의 형태를 가리키
고 그것은 주양자수에 의해 결정된다. 따라서 주양자수 n이 1이면 l은 0이
되고 궤도의 형태는 원이다. n이 2이면 두 개의 형태의 궤도가 존재할 수
있게 되고 그 하나는 원이고 또 하나는 타원이 된다. 그리고 $n = 3$이 되면
세 개의 궤도, 즉 하나의 원과 두 개의 타원이 존재한다는 식이다.

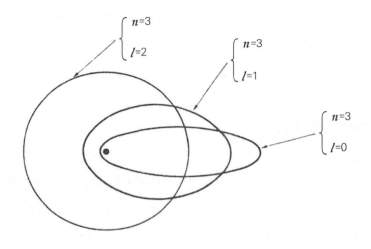

그림 9-5 | n=3에 대한 가능한 전자궤도

그런데 전자궤도는 n과 l만으로는 규정할 수 없다. 그것은 자기장 속에서 원자의 발광스펙트럼을 조사해 보면 각 스펙트럼선이 몇 개의 접근한 선으로 갈라지는 것이 발견되기 때문이다. 그것은 전자가 궤도를 돌고 있으면 코일 속을 전류가 흐르고 있는 것과 마찬가지여서 거기에 작은 전자석과 같은 작용이 발생하여 궤도가 한 방향에 대해 다른 각도로써 기울어져 있다고 한다면 자기장에 두어진 경우, 그것들로 옮아 뛰는 전자의 에너지에 근소한 차가 생겨 그 스펙트럼은 조금 떨어진 몇 가닥의 선으로 갈라지게 되는 것이다. 거기서 그 기울기를 가리키는 제3의 자기양자수 m이 필요하게 된다. 그리고 m의 값은 $-l$에서부터 $+l$까지, 이를테면 l = 2였다고 하면 m은 -2, -1, 0, $+1$ 및 $+2$의 다섯 개의 위치를 포함할 수 있는 것이

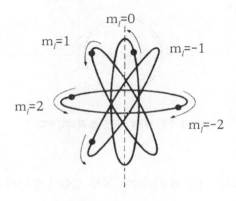

$m_l=0$

$m_l=1$

$m_l=-1$

$m_l=2$

$m_l=-2$

그림 9-6 | l=2에 대한 가능한 다섯 개의 궤도위치

다(〈그림 9-6〉 참조).

그러나 전자배열의 모습을 완전하게 결정하는 데는 또 하나의 양자수가 필요하다. 스펙트럼선을 극히 정밀하게 조사해 보면 그것들 속에는 한 개의 선이 실은 아주 가까운 두 개의 선으로써 이루어진 것이 있으며 그것은 전자 자신이 자전하고 있는 것에서 생기는 것이다. 전자는 전하를 가지고 있으므로 자전하는 전자는 원자핵이 만들어 내는 자기장의 영향을 받는데 그 경우에 전자의 자전에 우회전과 좌회전이 있었다고 한다면 전자의 상태는 자전 방향으로 두 개의 위치를 취할 수 있을 것이다.

이와 같은 전자의 자전을 전자스핀(electron-spin)이라 부르는데 스핀 방향의 정(正)과 역(逆)으로 스펙트럼선이 두 개가 한 조가 되는 것이 만들어지는 것이라고 생각된다. 그래서 전자의 배열을 결정하는 스핀양자수 s가 필

그림 9-7 | 전자는 스핀으로 자석이 된다

요했던 것이다. 다만 다른 세 양자수가 모두 정수인 데 대해 s는 $+\frac{1}{2}$과 $-\frac{1}{2}$의 값을 취한다.

이리하여 스펙트럼선의 분석결과로 얻은 n, l, m, s라는 네 종류의 양자수로 복잡한 원자구조 모형이라는 것이 만들어졌다.

가장 바깥쪽 껍질에 있는 전자의 수

원자라는 것은 어느 원소의 원자라도 비슷한 구조를 가지고 있으며 각자의 차이는 원자핵의 질량이나 전하와 주위에 있는 전자의 수에 있다는 것을 알게 되었다. 여기서 이야기를 다시 주기성으로 되돌려 생각해 본다면 원자의 전자껍질은 안쪽에서부터 바깥쪽으로 여러 겹으로 되어 있고 한 개의 껍질에는 일정한 수 이상의 전자가 들어갈 수 없다. 그리고 어떤 껍질 안의 전자의 수가 만원이 되면 다음에 들어올 전자는 그보다 바깥쪽에 있는 껍질에 들어가게 된다. 실제로 주기율표를 살펴보아도 제일 안쪽에 있는 껍질의 전자의 정원은 두 개이고 다음 껍질은 8개, 그다음이 18개, 32개라는 식으로 정해진 개수가 채워짐에 따라서 자꾸 바깥 껍질로 옮아가는 것이다. 그리고 그들 원소가 나타내는 화학적 성질이라는 것은 그 원자의 제일 바깥쪽 껍질에 있는 전자의 수로 결정되게 된다. 이를테면 알칼리금속은 가장 바깥쪽 전자수가 한 개이고 영족기체류는 8개이다. 그리고 할로겐원소는 언제나 가장 바깥쪽 전자가 7개로 되어 있다.

양성자와 중성자

여기서 한 걸음 더 나아가 원자의 중심에 있는 원자핵의 구조에 메스를 가할 필요가 생긴다. 왜냐하면 원소의 화학적 성질이 전자의 수로써 결정된다고 하더라도 원자 질량의 대부분이 원자핵 속에 집중되어 있기 때문이다.

원자핵 중에서 제일 작은 것은 수소의 원자핵이다. 이것은 즉 양성자인데 각 원소의 원자 질량은 어느 것이나 다 양성자의 질량의 정수배로 되어 있으므로 아무래도 원자핵은 모두 양성자로써 이루어져 있다고 생각해도 좋을 듯하며 그것은 프라우트의 가설대로다. 그러나 그렇다고 한다면 곧 두세 가지의 모순된 사실이 생긴다.

우선 원자량과 원자번호가 일치하지 않는다. 원자번호 1인 수소는 분명히 원자가가 한 개인데 두 번째인 헬륨은 전하로 봐서 양성자가 두 개여야 하는데도 원자의 질량은 양성자의 네 배나 된다. 산소라면 양전하가 8인데

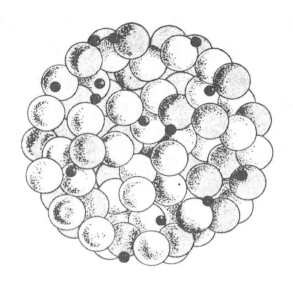

그림 9-8 | 원자핵의 모식도

도 원자핵의 질량으로는 양성자가 16개나 있는 것과 같다. 그렇다면 이 여분의 질량은 무엇이 원자핵에 포함되어 있다는 것을 가리키는 것일까? 그것을 설명하기 위해 옛날에는 핵내전자(核內電子)라는 사고방식이 있었는데 그것이 여분의 양성자의 전하를 중화시키고 있다고 했다. 실은 그것으로도 충분했을지도 모른다. 그러나 그렇다면 질량이 양성자, 즉 수소의 원자핵과 같고 전하가 없는 중성입자가 들어 있다고 생각해도 좋을 것 같다. 아니면 그와 같은 입자가 존재하는 것이 아닐까 하고 생각되어 왔다.

그러다 1932년에 채드윅(James Chadwick, 1891~1974)에 의해 그와 같은 입자가 정말로 존재한다는 것이 발견되어 이 입자를 중성자라 부르게 되었다. 그리고 원자핵은 양전하를 갖는 양성자와 중성인 중성자의 조합으로 구성되어 있다는 것이 밝혀졌다. 양성자 쪽은 전자의 수를 결정하여 원소의 종류를 정하는 역할을 하며, 중성자 쪽은 원소의 화학적 성질과는 관계없이 원자의 질량을 결정하는 데 소용 있다는 것이 되었다. 이러한 양성자와 중성자를 통틀어서 핵자(核子)라고 하는데, 이 둘은 본질적으로 다른 종류의 입자가 아니고 중성자는 전자를 방사하여 양성자로 변환하고 양성자가 양전자를 방사하여 중성자가 될 수 있다. 그것은 페르미(Enrico Fermi, 1901~1954)가 한 중성자의 조사(照射)에 의한 원소의 인공변환 때 볼 수 있는 현상이다.

동위원소

이렇게 원자번호와 원자량이 일치하지 않는다는 모순은 양성자와 중성자의 존재로 해결되었지만, 원자량이 완전한 정수가 아니고 대개의 경우 소수점 이하의 끝 자릿수가 붙는다는 사실은 이것만으로는 설명이 안 된다. 마그네슘은 약 24.3, 염소가 약 35.5라는 식이어서 도저히 오차 따위로 말할 정도가 아닌 것이다.

그러나 그것에는 하나의 해결방법이 있었다. 그것은 원자핵을 구성하는 양성자의 수는 같더라도 중성자수가 다른 원자의 존재를 생각하면 된다. 즉 동일한 원자번호의 원소의 원자는 한 종류가 아니고 원자핵 내의 중성자의 수가 달라서 화학적 성질은 같아도 무게가 다른 원자가 있다는 것을 뜻한다.

이를테면 〈표 9-9〉에 나타냈듯이 중성자가 18개인 염소와 20개인 염소 두 가지가 있다. 물론 같은 염소인 이상 양성자 수는 똑같이 17개씩이며 만약 이 수가 다르다면 이미 염소가 아닌 것이다. 이 두 종류의 염소를 구별하기 위해서 양성자수와 중성자수의 합, 즉 35나 37을 붙여서 염소 35, 염소 37 따위로 부르고 있는데, 이 수는 무게에 해당하는 것으로서 **질량수**라 부르고 있다. 이런 차이가 있는 원자를 서로 **동위원소** 또는 **동위체**라고 한다.

그런데 〈표 9-9〉를 보면 알 수 있듯이 천연염소에는 염소 35가 약 75%, 염소 37이 약 25% 포함되어 있으며, 둘 사이에 화학적 성질의 차이가 없기 때문에 그 존재 비율은 어디서나 변하는 일이 없다. 따라서 35인 것 75%와 37인 것 25%를 전부 합쳐서 평균한 것이 35.5가 되는 것이다. 즉 두 종류의 끝 자릿수가 없는 염소가 혼합해서 끝 자릿수가 생겼다. 이것을 어중간한 원자량으로 받아들이고 있는 데 지나지 않는다. 마그네슘의 23.3에 대해서도 〈표 9-9〉의 백분율로부터 계산할 수 있을 것이다.

원자량에 나오는 소수 이하의 끝수는 이렇게 해서 동위원소의 혼합이라는 것을 의미하므로 일단 이해가 간다. 그러나 단지 이것만이 이유가 아니고 핵자 간의 결합에너지에도 원인이 있는데 여기서는 자세히 언급하지 않겠다. 동위원소라는 이름은 오늘날 방사성 동위원소, 즉 라디오 아이소토프로 일반에게 널리 알려지게 되었다. 원자력에서는 원자연료의 우라늄 235와 우라늄 238은 서로가 동위원소로서 양성자수는 어느 쪽도 다 92개

원자번호	원소	중성자수	질량수	동위원소의 존재비(%)
1	수소 H	0	1	99.985
	중수소 D	1	2	0.015
	3중수소 T	2	3	-
6	탄소 C	6	12*	98.89
		7	13	1.11
8	산소 O	8	16	99.759
		9	17	0.037
		10	18	0.204
12	마그네슘 Mg	12	24	78.60
		13	25	10.11
		14	26	11.29
17	염소 Cl	18	35	75.53
		20	37	24.47
92	우라늄 U	235	235	0.72
		238	238	99.27

표 9-9 | 동위원소의 예(*……원자량의 기준이 되어 있는 탄소)

이지만 핵폭발을 하는 우라늄 235에서는 143개, 그렇지 않은 우라늄 238
에서는 146개의 중성자가 포함되어 있다.

수소에는 양성자가 한 개뿐인 보통 수소, 즉 H 이외에 중성자를 하나
가지고 있는 무거운 수소가 있으며 이것을 중수소(deuterium)라 하고 D로
나타낸다. 수소에는 이 밖에 중성자 두 개, 양성자 한 개인 3중수소(tritium)
T라는 것도 있다. 보통 동위원소 간에는 기호가 바뀌지 않으나 수소만은
예외로 H, D, T 등으로 나타내고 있는데, 말하자면 D는 수소 2, T는 수소
3인 것이다. 중수소로 된 물, 즉 D_2O를 「중수」라고 하며 이것과 구별하기
위해 보통의 물 H_2O를 「경수」라고 부르기도 한다.

이와 같은 동위원소의 존재는 영국의 애스턴(Francis William Aston,
1877~1945)이 고안한 질량분석계로 실험적으로 증명되었다. 그리고 오늘
날 천연의 90여 종의 원소에는 모두 250개 정도의 동위원소가 알려져 있
다. 이것에다 인공적으로 중성자 조사(照射)로써 만들어 낸 방사성 동위 원
소를 보태면 극히 많은 동위원소가 있다.

원자가전자(가전자)

이렇게 해서 마침내 원자의 구조는 그 대체가 밝혀지게 되었다. 어느
원자도 중심에 양성자와 중성자로써 구성된 원자핵을 가지며 그 주위의 궤
도, 즉 전자껍질 속에서 원자핵 내의 양성자의 수와 같은 전자가 회전하고

있다. 그리고 전자껍질은 여러 겹으로 되어 있고 전자의 수가 증가하는 데따라 내부의 껍질이 모두 채워지면, 즉 만원이 되면 나머지 몫의 전자는 그바깥쪽 껍질로 들어간다. 이렇게 만들어진 원자의 가장 바깥쪽 껍질의 전자수가 항상 그 원소의 화학적 성질을 결정하게 된다. 즉 가장 바깥쪽 전자가 한 개라면 알칼리금속, 8개라면 영족기체, 그리고 7개라면 할로겐원소라는 식으로 대체의 성질이 결정되는 것이다.

그러므로 원소의 화학적 성질을 결정하는 가장 바깥쪽 전자를 일컬어「원자가전자」(原子價電子) 또는 간단히 「가전자」(價電子)라고 부르는데 이것은 나중에 언급할 화학결합을 관장하는 중요한 역할을 하게 되는 것이다.

10장

화학반응

10. 화학반응

물질의 조성과 그 변화

화학이라는 학문은 물질의 조성과 그 변화를 다루는 학문이라고 한다. 그래서 우리 주변에서 화학의 모습을 살펴볼 때 앞의 경우, 즉 물질의 조성 (組成)이라는 것은 특별히 화학분석의 기술을 습득하지 않는 한 그것을 체험하기는 어려울 것이다. 다만 책으로 여러 원소의 이름을 외우거나 주변의 유리나 금속제품 등 또는 섬유나 플라스틱 등의 성분이 어떤 것들인가 하는 지식을 지니는 정도가 되고 만다.

그러나 **화학변화** 또는 **화학반응**이라는 물질변화의 현상은 상당히 광범하게 찾아볼 수 있을 것이다. 이를테면 연소라는 반응 등이 그 대표적인 예로서 우리는 매일같이 숯, 나무, 석탄, 석유, 도시가스, 프로판 등이 공기와 접촉하여 이른바 불이 되어 높은 온도의 열을 발생시키고는 자취를 감추어 버리는 현상을 관찰할 수 있고 또 이 반응을 이용하고 있다. 이러한 연소반응은 산화반응이 격렬한 경우이고 다 타서 없어져 버린 것처럼 보이는 가연물은 공기 속의 산소와 결합하여 이산화탄소와 물 등으로 변하여 모습은 바뀌어도 양에 있어서는 변함이 없다. 이는 오늘날 상식으로 누구나 알고 있는 일이다.

일상생활에서 볼 수 있는 화학변화

성냥불을 켤 때 발화하는 것은 성냥개비의 머리에 묻어 있는 약인 염소산칼륨과 성냥갑 옆에 바른 붉은인이 접촉해서 폭발적으로 반응하는 현상이다. 이 밖에도 우리 부엌에서는 꽤 많은 화학반응을 발견할 수 있다. 즉 냄비 속에서 설탕이 타서 까맣게 되는 것은 탄수화물에서 물이 분리되어 탄소가 남는 반응이다. 과즙을 병에 저장해 두면 효모인 치마아제(zymase)의 작용을 받아 포도당이 분해하여 이산화탄소의 거품을 내며 알코올이 생성된다. 달걀의 단백질은 삶으면 응고해서 고체의 삶은 달걀로 변한다. 탄산수소나트륨과 타르타르산을 섞어서 물에 녹이면 이산화탄소의 거품을 내어 청량음료의 일종인 사이다가 만들어진다. 얼핏 보기에도 부엌은 마치 화학실험실과 흡사하다.

세탁만 하더라도 화학과 무관하지 않다. 지방산의 나트륨염인 비누나 알킬벤젠술폰산나트륨(ABS)이라는 중성세제로 때를 빼는 것도 일종의 화학반응을 이용한 것이고 새하얗게 표백하는 것도 하이포염소산나트륨 용액의 산화성을 이용한 표백 현상이다.

이처럼 돌이켜 본다면 화학변화 또는 화학반응이라 불리는 현상은 얼마든지 발견할 수 있을 것 같다. 그리고 더 나아가 우리의 신체 내부의 생명 활동이 호흡작용이건 소화작용이건 운동이건 또는 성장이건 그것들은 모두 화학변화의 종합이라는 것을 알게 된다. 또 약품류를 사용하는 의료 행위에 이르러서는 몸속의 미묘하고 복잡한 화학반응을 촉진하거나 제거하거나 하는 조작일 따름으로 거기에 화학반응에 대한 흥미와 관심이 솟아 나는 것은 당연하다 할 것이다.

간단한 실험으로 경험할 수 있는 화학반응

그런데 공기 속에서 숯을 가열하면 숯은 산소와 결합해서 높은 온도의 열을 발생하면서 이산화탄소라는 가스로 변한다. 철은 공기 속에서 산소와 화합하여 산화철이 되는데 이것은 보통 아주 느리게 진행된다. 그러나 이것을 급속히 진행할 수도 있다. 요즘 식기를 닦을 때 쓰이는 스틸 울(steel wool)이라 불리는 가느다란 솜 같은 철선이라면 점화했을 때 불꽃을 튀기면서 타서 금방 산화철이 되는 것을 볼 수 있다. 이러한 화학반응은 우리가 실험해 보면 쉽게 관찰할 수 있을 것이다.

화학실험서를 참고로 해서 여러 가지로 실험해 보면 우리는 흔히 볼 수 없는 여러 가지 화학반응을 경험할 수 있다. 붉은 염산에 아연이나 철을 담그면 금속이 용해되면서 수소가스의 거품이 발생할 것이다. 그 수소를 모아 점화하면 타서 수증기를 만들 것이고 미리 공기와 섞어둔 다음 점화하면 맹렬한 폭발을 일으킨다.

금속나트륨 한 조각을 물속에 넣으면 나트륨은 물과 거세게 반응하여 수소를 발생하고 때로는 그 수소에 불이 붙어 폭발을 일으키기도 할 것이다. 그리고 금속나트륨은 모습을 감추어 버리는데, 실은 수산화나트륨으로 바뀌어 물속에 용해되어 버린 것이다. 수산화나트륨이 물에 녹으면 강한 알칼리성을 나타내고 이 물속에 페놀프탈레인(phenolphthalein)이 소량 첨가돼 있으면 빨간빛깔로 변하는 것을 볼 수 있다.

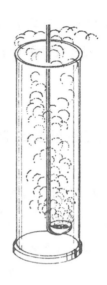

그림 10-1 | 붉은인의 연소

〈그림 10-1〉과 같이 공기를 병 속에 밀폐하고 그 속에 붉은인 한 조각을 넣고 가열한 철선이나 유리막대로 점화해서 뚜껑을 닫으면 그 속에서 붉은인은 흰 연기를 내면서 연소한다. 연소가 끝나면 병 속의 산소는 오산화인으로 변해서 없어져 버렸기 때문에 병 속의 기체에는 인산만 남는다. 이런 방법으로 우리는 공기의 조성이 질소 약 79%와 산소 21%로써 구성되어 있다는 것을 알 수 있다. 이렇게 해서 얻은 질소는 비활성(非活性)이기 때문에 쉽게 다른 원소와 화합하지 않지만 지금 질소가스 속에서 마그네슘 분말을 가열한 다음 물을 작용시켜 보면 강한 암모니아 냄새가 날 것이다. 이것은 질소와 마그네슘이 결합하여 질소화마그네슘이 되고 질소화마그네슘과 물로써 암모니아가 생성된 것을 보여주는 것이다. 즉 질소는 언제나 비활성인 것은 아니며 적당한 조건만 주어지면 여러 가지 화합물을 만드는데, 그것은 화학공업에서 질소와 수소로부터 암모니아 합성이 행해지고 있는 것으로

도 잘 알 수 있는 사실이다.

화학반응은 왜 일어나는가?

이처럼 많은 물질은 여러 가지 화학변화를 일으키는 것으로 대부분의 원소는 서로 반응하여 화합물을 만들고 또 화합물끼리 서로 접촉함으로써 그 성분인 원소를 교환하거나 또 다른 화합물을 만들거나 한다. 또 어떤 것은 접촉만으로는 물론 가열하거나 가압하거나 해도 반응을 일으키지 않는 것도 있다. 정말로 그 양상은 천태만상(千態萬象)이라는 표현이 걸맞다.

그렇다면 이런 원소끼리의 결합 또는 화합물 사이에서 성분 원소의 교환 등의 화학반응은 도대체 어떤 이유 때문에 일어날까? 또 왜 각각의 원소에서 화학적 성질이 다른 것일까? 그리고 또 어째서 비슷한 성질의 원소가 존재하는 것일까? 그것은 당연한 일이지만 각 원소의 원자 사이의 결합력에 먼저 메스를 가하지 않으면 해답을 얻을 수 없다.

화학반응에는 에너지의 출입이 따른다

그러면 이러한 원자 간의 결합력을 살피기 전에 좀 더 화학반응이라는 현상을 관찰해 둘 필요가 있을 것이다. 화학변화를 일으킬 때는 물질 사이에 원자의 결합이나 분리가 일어나는 것인데, 실은 그 밖에 에너지의 출입이 있다는 것을 잊어서는 안 된다. 나무, 숯, 석유 등이 연소하면 이산화탄소와 물이 생기는데 이때 대량의 열이 방출되어, 이른바 불이 되어서 타는 것이다. 염소와 수소가 화합하면 염산이 생기는데 이때도 높은 온도가 발생하면서 반응한다. 물속에 금속나트륨을 넣으면 나트륨은 물과 작용하여 한쪽에 수소를 발생시키면서 수산화나트륨이 되는데 이 반응에서도 격렬한 발열이 일어나 때로는 발생한 수소에 불이 붙어 폭발을 일으키기도 한다.

이처럼 화학반응에서는 진행할 즈음하여 열을 발생하는 현상이 두드러지게 보이는데 자연으로 진행되는 현상의 화학변화나 화학반응은 모두 **발열반응**이라고 해도 된다. 철이 산화하여 산화철로 될 때 특히 열의 발생이 없는 듯이 보이지만 그것이 훌륭한 발열반응이라는 것은 이미 말한 대로 가느다란 철로 만들어진 섬유에 점화하면 탄다는 것으로도 명백하다. 이경우는 철과 산소가 결합하는 속도가 빠르기 때문에 한꺼번에 많은 양의 열이 나온 것이다. 그리고 화학반응 중에서도 반응열이 큰 발열반응일수록 일어나기 쉬운 반응이라고 말할 수 있다. 이러한 **반응열**이라는 것이 우리에게 있어서 얼마나 중요한 의의를 갖는가 하면 오늘날 전 세계에서 인류가 소비하는 에너지 중 90% 가까이가 석탄, 석유 등의 연료가 탈 때의 **산화열**로서 실로 석탄 25억 톤에 석유 40억 톤이 1년 동안에 공기 중의 산소와 화합하여 인류 문명의 에너지를 감당하고 있는 것이다. 또 우리가 살아가는 데 필요한 체온만 하더라도 혈액 속에서 포도당이 산화할 때 생기는 산화열에서 발생하고 있는 것이다.

화학변화에는 반드시 에너지의 드나듦이 있다. 그 에너지는 열인 경우가 대부분이지만 반드시 열에 한하는 것은 아니다. 그것은 전기라도 좋고 빛이나 방사선이라도 좋다. 그러므로 장래의 동력원으로서 연구가 진행되고 있는 연료전지라는 것은 산화반응으로 열을 내게 하지 않고서 그 에너지를 직접 전력으로 변환시키자는 것이다.

흡열(에너지 흡수)반응

그렇다면 발열 또는 에너지 발생의 반대인 외부로부터 에너지를 받아들이는 흡열 또는 에너지흡수반응이라는 것은 어디에 있는 것일까? 그것은 자연상태에서 생물 현상 이외에서는 좀처럼 볼 수 없다. 즉 발열반응과는 반대의 반응이 이루어지는 경우이다. 석탄을 연소시키면 이산화탄소가 발생하는데 그 이산화탄소를 분해하여 본래의 탄소와 산소로 환원시키려면 처음의 연소에 의해 발생한 열량을 외부로부터 가해주지 않으면 안 된다. 마찬가지로 수소와 산소가 화합해서 높은 온도의 열을 발생하여 물이 된다. 그 물과 산소로 분해하는 데는 발생한 만큼의 열을 되돌려 주지 않으면 안 된다. 그러나 물을 분해하여 수소와 산소를 제조하는데 직접 가열하는 방법은 초고온을 사용해야 하기 때문에 열 대신 전기를 사용하여 이른바 **전기분해로** 공업적으로 수소를 제조하는 것이다. 또 열을 흡수시키는 방법이라면 탄소를 매개물로 사용하여 높은 온도로 물의 산소를 일산화탄

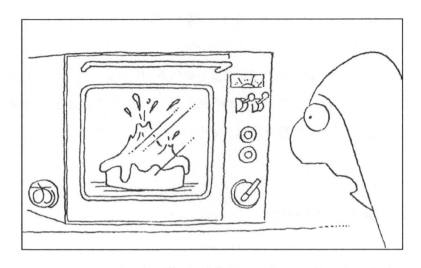

그림 10-2 | 화학변화에는 반드시 에너지의 출입이 있다. 에너지는 열만이 아니고 전기, 빛 또는 방사선인 때도 있다

소의 형태로 환원하고 한쪽에서 수소를 유리(遊離)시키는 방법이 취해진다. 물론 이 경우의 반응은 흡열반응이므로 그 열은 석탄 등을 태워서 공급해 주지 않으면 안 된다.

그러나 자연계에도 흡열반응이 행해지고 있는 경우가 있다. 그 대표적인 것은 식물에 의한 **광합성**으로서 잎이나 뿌리로부터 빨아들인 이산화탄소와 역시 뿌리에서 섭취한 물을 반응시켜서 포도당을 합성하고 다시 녹말이나 셀룰로오스를 만들어내는 일이다. 이 경우에는 촉매로서의 엽록소가 작용하여 태양으로부터 보내져 오는 빛의 에너지를 흡수시켜 그 **탄소 동화작용**을 진행하는 것이다.

화학반응의 법칙

여러 가지 물질이 화학변화에 의해 다른 화합물로 바뀌어 간다. 두 종류 이상의 원소나 화합물은 서로 접촉함으로써 결합하거나 성분을 교환하여 다른 물질을 생성한다. 물론 접촉을 해도 아무 변화도 일으키지 않는 물질도 있다. 그러면 이러한 화학변화는 도대체 어떤 동기로 일어나는 것일까? 그것은 물론 원자 사이에 어떤 형태의 인력이 작용하여 결합이 일어나고 그것이 원인이 되어 여러 가지 화학반응이 생기리라는 것은 쉽게 상상할 수 있다. 그리고 그 결합력의 강약이 복잡한 교환반응을 낳게 하리라는 것도 추측할 수 있다. 그런데 여기에는 도대체 어떤 법칙이 존재하는 것일까?

물은 높은 곳에서 낮은 곳으로 흐르고 열은 고온물체로부터 저온물체로 이동한다. 자연 그대로는 결코 그 반대 현상은 일어나지 않는다. 만약에 반대 방향으로의 이동이 일어난다고 한다면 그것은 외부의 힘이 가해져서 일을 했을 경우에 한한다. 화학변화도 마찬가지로 어떤 계(系)가 다른 계로 전화(轉化)할 경우에는 반드시 에너지준위가 높은 상태에서 낮은 상태로 이동한다. 그리고 그것과 반대의 변화가 일어난다면 그것은 외부로부터 에너지가 가해졌을 경우에 한하는 것이다.

거기서 지금 자연적으로 어떤 화학변화가 일어났다고 한다면 그 에너지준위가 높은 곳에서 낮은 곳으로 이동한 것이므로 그 에너지의 차만큼 계 밖으로 방출되는 것이 된다. 즉 반응열(反應熱)이라는 것이 바로 그것인데 여분의 에너지가 열이 되어 방출되는 것이다. 그러므로 자연히 일어나는 화학변화는 항상 발열반응이며 역반응인 흡열반응을 일으키기 위해서는 반드시 외부에서 어떠한 에너지를 가해줌으로써 그 수순을 밀어 올리지 않으면 안 된다.

분자 사이의 충돌

그러나 이러한 화학변화가 일어난다는 것은 모든 물질이 미세한 입자로써 구성되어 있다는 사실을 전제로 하지 않으면 안 된다. 즉 만물이 분자, 원자를 갖는 데서 화학반응이 출발한다. 실은 화학반응이라는 현상이 이미 분자, 원자의 존재를 증명해 주는 것이라고 말할 수 있다. 이것은 만약 모든 물질이 입자가 아니고 균질한 구조체라면 서로가 혼합될 수는 없을 것이다. 또 거기에 결합이니 분해니 하는 반응이 일어날 여지는 없을 것이다.

화학반응은 분자와 분자의 충돌에 의해서 생긴다. 산화, 환원, 치환 등의 반응은 다른 종류의 분자 충돌로 인해 일어나는 것이고 분해반응, 중합반응(重合反應) 등은 같은 종류의 분자가 충돌함으로써 일어난다. 화학반응이 결국은 원자 간에 작용하는 결합력, 즉 인력이 원인이라고 하더라도 충돌, 즉 접촉하지 않는 원자나 분자 사이에는 그와 같은 힘도 작용할 수 없는 것이다.

분자운동과 열에너지

분자 간에 충돌이 일어나기 위해서는 분자운동이 있어야 하며 이 분자의 운동이 곧 열에너지를 의미하기 때문에 화학반응과 열은 떼놓을 수 없는 관계에 있는 것이다.

화학반응을 시작하게 하는 데는 불을 붙여서 가열을 하는 일이 있다. 그것은 분자운동의 속도를 증가시켜 분자충돌의 확률을 높이는 동시에 충돌에너지를 강하게 하기 위해서이기도 하다. 찌거나 굽거나 하는 것도 마찬가지 효과를 얻기 위해서다. 그리고 반응이 진행되면 발열에 의해 온도가 상승한다. 그것은 원자 간의 결합력 때문에 위치에너지로 고정되어 있던 화학에너지가 운동에너지로 전환되어 분자운동의 속도를 촉진시켰을 뿐이다.

기초화학을 배울 경우에 화학반응식에서는 단지 물질의 변화밖에 가리키지 않는 일이 많다. 이를테면 수소와 산소의 결합에서 물이 생기는 반응은

$$2H_2 + O_2 \rightarrow 2H_2O$$

로 나타낸다. 그러나 엄밀하게는

$$2H_2 + O_2 \rightarrow 2H_2O + 13,700cal$$

와 같이 발열량을 첨가할 필요가 있다. 그리고 그 반대의 반응, 즉 물을 수소와 산소로 분해하는 반응이라면

$$2H_2O \rightarrow 2H_2 + O_2 - 13,700cal$$

이며 그만한 에너지를 흡수할 필요가 있다는 것을 가리킨다.

11장

분자운동과 화학평형

11. 분자운동과 화학평형

온도와 분자의 운동속도

모든 물질의 내부에서는 분자와 원자가 운동을 하고 있다. 그리고 이 운동은 −273℃의 절대영도가 되지 않는 한 정지하는 일이 없다. 즉 열이란 분자운동을 말하는 것으로 온도는 분자의 운동에너지의 척도인 것이다. 열에너지로서 운동과는 구별되어 있지만 실제로는 열 또한 운동인 것에는 틀림없다. 그러므로 경우에 따라서는 온도를 분자의 운동속도로 나타내는 것도 불가능하지는 않을지도 모른다.

그러면 그와 같은 분자의 운동을 속도로 나타낸다면 도대체 어느 정도나 될까? 0℃니 100℃니 하는 온도를 생각해 보자. 이처럼 온도가 일정하게 유지되었다고 하면 그 온도에서의 분자는 각각 같은 에너지를 가지고 운동하게 된다. 그러나 분자의 크기 즉 질량이 다르면 그 속도도 각각 달라질 것이다. 분자의 운동속도는 스턴(Otto Stern, 1888~1969)이 처음으로 나트륨을 측정했는데 그것은 200℃에서 매초 1.5km라는 값이었다. 대충 로켓 정도의 속도가 되는데 로켓의 최종 속도는 대체로 노즐에서 분출되는 가스의 분사속도와 같아질 것이다. 거기서 로켓의 분사가스의 온도가 500℃라 하고 가스의 분자의 속도는 매초 3km 정도라고 생각한다면 분자운동의 속도라는 개념이 파악되는 것이 아닐까?

그것은 어쨌든 상온에서 분자운동의 속도는 그리 빠르지 않다. 수소분자가 1,800m/초, 물의 분자라면 1초에 600m 정도의 속도이다. 그러므로 목욕탕의 온도가 지금 800m가 되어 있다는 등으로도 말할 수 있을지도 모른다.

고체, 액체, 기체의 분자운동

물질의 분자는 언제나 운동하고 있는 것으로서 고체에서는 분자의 운동에너지가 분자 간의 결합력을 이겨낼 수 없으므로 결정격자(結晶格子)를 형성한 채로 진동하고 있다. 온도가 상승하면 분자운동의 힘이 결합력을 이겨내 결정이 붕괴되고 분자가 자유로이 운동할 수 있게 된다. 즉 고체가 액체로 바뀌는 것이다. 그러나 액체인 동안에 분자운동의 힘은 응집력보다 약하기 때문에 자유로이 움직이기는 해도 그 집단에서 밖으로는 도망치지 못하는데 다시 온도가 상승하여 이른바 끓는점에 도달하면 분자운동의 힘이 응집력을 이겨내 분자는 자유로운 공간으로 빠져나간다. 즉 그 물질은 기화해서 가스가 된다.

산소원자 + 수소원자의 경우

분자운동의 속도는 절대온도에 비례해서 증가하지만 상온에서의 1000m라든가 1500m라든가 하는 정도의 속도에서는 산소와 수소분자가 함께 혼합되더라도 충돌로 분자가 파괴되어 원자의 상태로까지는 이르지 않는다. 산소와 수소는 가장 화합하기 쉬운 원소이지만 분자상태에서는 단지 접촉했다는 것만으로는 서로 반응할 수가 없다. 그러나 만약 원자 상태라고 한다면 당장 산소원자와 수소원자 간에는 화학결합력이 작용해서 산소 1원자에 수소 2원자가 결합한 물 1분자가 만들어지는 것이다. 지금 수소와 산소를 혼합했다고 하자. 상온에서는 별로 아무런 변화도 일어나지 않고 그대로의 상태가 계속된다. 거기서 이 혼합가스의 온도를 차츰 상승시켜 갔다고 하면 어떤 온도에서 갑자기 폭발이 일어나고 산소와 수소는 물로 바뀐다. 이때 온도는 580℃인데 이 온도가 되면 가스분자의 운동에너지가 충분히 커져서 서로 충돌한 분자는 파괴되어 원자로 해리(解離)되고 산소와 수소의 원자는 곧 반응해서 물을 생성하게 되는 것이다.

산소와 수소의 혼합가스는 전체를 580℃로 가열하지 않고 성냥불 등으로 그 일부분을 가열하기만 해도 전체가 폭발해 버린다. 그것은 연소가 큰 발열반응이기 때문에 일부분이라도 반응이 일어나면 그 생성된 열로써 주위의 온도가 충분한 고온이 되어 그 결과 연쇄반응으로 전체가 폭발해 버리게 되는 것이다.

화학반응이 일어나기 쉬운 상태

그런데 화학반응이 일어나기 위해서는 먼저 분자의 충돌이 일어나지 않으면 안 된다. 그래서 우리가 어떤 화학반응을 일으키려고 할 경우에는 반응하는 물질의 분자가 쉽게 충돌할 수 있을 만한 상태를 만들어 주는 일이 중요하다. 반응물질이 고체덩어리일 때는 충돌할 수 있는 조건이 나쁘다. 즉 이때는 그 분자가 자유로이 움직여서 제각기 충돌하여 반응을 일으키지 않으면 안 된다. 그러므로 먼저 물질을 액체나 기체로 하여 충분히 혼합할 수 있는 상태로 만드는 것이 좋다. 높은 온도로 가열하여 용융시켜서 혼합하거나 기화를 시켜서 가스 상태로 반응시키거나 고체를 물이나 용제(溶劑)로 용해시켜 용액의 형태로 반응시키는 것도 이 목적에 적합한 방법이라고 할 수 있다.

게다가 온도가 높아지면 분자운동의 속도가 빨라지는 결과로 반응물질의 분자가 충돌할 수 있는 기회가 증대하기 때문에 반응속도가 커진다. 그러므로 일반적으로 화학반응의 속도는 온도가 10℃ 상승하면 약 2배가 되는 것은 그 때문이다.

그렇다면 기체나 액체 속에서 분자가 충돌해서 반응이 일어난다고 가정했을 경우 그 수가 몹시 크지 않으면 우리가 일상 관찰하는 것과 같은 활발한 화학반응은 일어나지 않을 것이 틀림없다. 그렇다면 일정한 부피의 가스 속에 존재하고 있는 분자의 수는 얼마나 될까? 아보가드로의 법칙에 의하면 1그램분자 즉 1몰의 기체의 부피는 0℃, 1기압인 이른바 표준 상태

그림 11-1 │ 화학반응이 일어나기 위해서는 먼저 분자가 충돌하여 파괴되어 원자로 해리될 필요가 있다

에서는 22.4 *l*가 되고 이것은 어떤 기체에서든 마찬가지이다. 그리고 그 속에 포함되는 분자의 수는 모두 같아서 6.02×10^{23}개라는 막대한 수다. 이 수를 아보가드로의 수(Avogadro's number)라고 부르며 보통 N이라는 기호로써 표시하게 되어 있다. 즉

$$N = 6.02 \times 10^{23}$$

이다. 이 수는 기체, 액체, 고체라는 상태에는 관계없이 1몰의 물질 속에 포함되는 분자의 수라는 것은 말할 나위도 없다.

그러므로 화학반응이 일어날 때 이와 같은 천문학적 숫자의 분자가 초속 1000m라든가 3000m라든가 하는 속도로 운동하면서 서로 충돌하는 것이므로 엄청난 양의 물질이 짧은 시간에 화학변화를 일으킬 수 있다. 또 반응가스를 높은 압력으로 압축하거나 다량의 물질을 용제에 녹여 넣거나 하면 분자농도, 즉 분자의 밀집 비율이 높아져서 충돌할 확률이 높아지고 반응이 빨리 진행되게 될 것이다.

화학평형이란 무엇인가?

화학반응은 발열이 일어나는 방향으로 진행한다. 그렇다고 하면 어떤 화학반응이 진행돼서 A라는 물질이 B라는 물질로 변화한다고 했을 때 그것이 발열반응인 경우에는 일단 반응이 시작되면 그 반응은 어디까지고 자연적으로 진행되어 A는 완전히 B가 되고 말 것이라고 생각할 것이다. 그러나 반드시 그렇게 되는 것은 아니다. 그 반응은 어느 정도까지 진행되면 정지해 버리는 일이 많다. 그리고 A와 B가 어떤 일정한 비율로 혼합된 상태에서 평형이 유지된다. 그것은 저울이 평형되어 정지한 것과 같은 상태를 만들어 내는 셈인데 화학에서는 이런 상태를 화학평형(chemical equilibrium)이라고 부른다.

어떤 화학반응이 어중간한 진행을 한 뒤에 반응물질과 생성물질이 일정한 비율이 된 채로 정지해 버린다는 화학평형의 현상도 분자가 존재함으로써 일어나는 현상이라 할 수 있을 것이다. 화학반응이 진행되려면 발열 반응에서 큰 열량의 열을 방출하여 에너지준위가 낮은 상태로 옮아간다는 조건이 필요하다. 또 분자농도가 크고, 분자의 운동속도가 충분하며 반응 분자의 충돌 확률이 크고 충돌에너지가 반응을 시작하게 할 만한 힘을 갖는다는 조건을 갖추고 있는 것이 바람직하다. 그러나 처음에는 그런 조건이 갖추어져 있더라도 반응이 진행됨에 따라서 그런 조건은 점점 상실되는 경우가 있는데, 그 결과 반응이 끝까지 진행되지 못한 채 멎어 버린다.

이를테면 수소 3분자와 질소 1분자를 혼합하여 고온·고압 아래서 반응촉진제인 촉매를 사용하여 암모니아를 제조한다고 하자. 이 경우에 암모니아가 만들어지는 비율은 그때의 온도와 압력이 일정하면 언제나 일정한 값을 가리키게 된다. 지금 그 온도가 500℃이고 압력이 200기압이었다면 반응이 끝났을 때 가스 속의 암모니아 농도는 17.6%가 된다. 만약 온도가 400℃였다고 하면 36.3%, 온도를 올려서 600℃로 했다면 8.25%로 내려가 버리고 만다. 그 대신 압력을 올리면 평형상태의 암모니아 농도가 증가하여 1000기압이라면 31.4%가 되는 것이다.

화학평형은 왜 일어나는가?

그렇다면 어째서 이런 일이 일어날까? 지금 A와 B가 서로 반응하여 C가 되는 조건이 있다고 하자. A의 분자와 B의 분자가 충돌하여 C라는 분자가 생길 성질이 갖추어져 있다고 하더라도 A와 B의 농도가 너무 묽어서 둘이 충돌할 기회가 매우 적다면 결국 반응은 일어나지 않게 될 것이다. 일어난다고 하더라도 C는 아주 근소한 양만 만들어지고 반응은 더 이상 진행되지 않고 멎어 버린다. 지금 A도 B도 농도가 충분하고 분자운동의 에너지도 크며 그 결과 A + B → C라는 반응이 자꾸만 진행되었다고 하자. 그러나 반응이 차츰 진행됨에 따라서 A와 B의 분자는 감소하여 C의 분자가 증가하면 A와 B는 C에 희석되어 충돌의 기회가 희박해져서 반응이 사실상 멎어 버리는 상태에 다다른다. 즉 반응은 일단 평형에 도달한 것처럼 보이는 것이다.

그러나 사실 이것만으로는 화학평형의 상태가 되었다고 할 수는 없다. 진정한 화학평형이라면 거기에 C가 분해되어 A와 B가 되는 반응이 공존해 평형이 되어 있지 않으면 안 되기 때문이다. 이를테면 암모니아를 합성할 때 500℃, 200기압에서 암모니아의 농도가 17.6%으로 수소와 질소와 암모니아가 평형상태가 되어 있을 것이다. 그래서 같은 조건에서 반응솥 속에 암모니아만 넣어 보냈다고 한다면 암모니아는 수소와 질소로 분해하는 반응을 일으켜서 역시 암모니아의 농도가 17.6%가 되어 평형을 이루게 된다. 이런 경우가 화학평형이며 그와 같은 상태를

$$N_2 + 3H_2 \leftrightharpoons 2NH_3$$

이라고 표기한다.

즉 A + B → C는 발열반응이며 그 방향으로 자연히 진행했다고 해도

어떤 온도에 이르면 C → A + B라는 역반응이 일어날 가능성이 생겨난다. C의 분자농도가 높아지는 데다 온도가 높아져서 흡열반응인 C → A + B가 진행되기에 충분한 에너지를 취득하게 되기 때문이다.

화학평형과 온도, 압력

　이러한 화학평형이 생기는 위치는 각각의 화학반응에 대해서 온도와 분자의 농도에 따라서 정해진다. 그러므로 화학공업에서 반응을 능률적으로 진행시켜 목적물의 수율(收率)을 증가하기 위해서 높은 압력을 가하거나 온도를 적당하게 조절하거나 하는 것이다.

　그런데 A → B라는 반응이 발열반응인 경우에는 온도가 낮을수록 평형은 오른쪽으로 이동하고 온도가 높을수록 왼쪽으로 이동하게 된다. 그래서 B가 목적하는 생성물이라면 온도는 되도록 낮은 쪽이 좋다. 그러나 온도가 낮으면 반응속도가 느려져서 반응이 쉽게 진행되지 않는다. 따라서 평형 농도를 어느 만큼 희생하더라도 온도를 어느 정도 높여 주는 편이 좋다. 그리고 가스반응에서 B 쪽이 A보다도 부피가 감소하는 경우에는 되도록 압력을 높게 하는 것이 평형을 오른쪽으로 이동시키는 데 도움이 된다. 암모니아 합성반응은 발열반응인데

$$H_2 + 3H_2 \rightarrow 2NH_3$$

이 가리키듯이 4부피의 반응가스로부터 2부피의 암모니아가 생성되는 셈이니까 고압으로 할수록 평형은 오른쪽으로 이동하여 암모니아의 농도가 높아진다. 암모니아 합성에 500℃, 300기압이라는 반응조건이 쓰이는 것은 그런 이유가 있기 때문이다.

다시 한번 화학반응의 모습을 돌이켜 생각해 보기로 하자. 화학반응은 무수한 분자의 충돌에 의해서 일어난다. 그리고 그 결과 분자 간에 결합이 일어나는 것은 각 원자가 갖는 화학결합의 힘이 원인이지만 분자가 충돌한다는 것은 분자가 무질서하게 돌아다니는 운동, 즉 열이라는 현상에 의해서 일어나므로 그 에너지의 크기 즉 온도가 반응을 크게 지배하게 되는 것이다. 열은 분자충돌의 확률을 지배하여 반응속도를 높이는 역할을 하고, 한편으로 충돌에너지를 증대시킴으로써 발열반응에 대해서 반대 방향의 반응을 유발해 그것으로 화학평형을 이루게 하는 작용도 하는 것이다.

화학반응과 자유에너지

화학반응이 일어나는 직접적인 원인은 반응물질 각각의 분자를 구성하는 원자 간의 화학결합력이라 불리는 일종의 인력이 합성된 힘이라고 할 수 있을 것이다. 반응의 결과로 생기는 생성물에 대해서 생각하는 것과 마찬가지인 힘과 비교하여 앞의 것이 크면 그 반응은 진행되는 것이다. 그러면 그 힘, 즉 화학적인 위치에너지의 차가 열에너지로 되어서 방출된다. 이와 같은 어떤 화학반응의 계 속에서 유효한 일을 하는 에너지를 자유에너지(free energy)라 부르고 있다. 그러므로 발열반응이 진행했을 경우에는 그 계가 갖는 자유에너지는 감소하게 되고 반대로 흡열반응을 추진했을 때는 계 안의 자유에너지가 증가하게 된다.

이렇게 자유에너지라는 사고방식을 도입하면 화학반응은 항상 자유에너지가 감소되는 방향을 향해서 진행된다고 표현할 수 있다. 화학반응이라는 현상은 전적으로 분자의 운동, 즉 열에 의해서 일어나는 것이므로 그것은 당연히 열역학의 법칙에 지배된다. 따라서 화학반응이나 화학평형을 연구할 때 열역학이 쓰이고 언제나 이 자유에너지라는 사고방식이 사용되는 것이다. 이는 화학공업기술상 장치의 설계나 반응을 하게 하는 조건을 결정하는 일 등에서 실용적인 의미를 지니게 된다.

열역학의 제2법칙

열역학에서는 물리적 변화나 화학적 변화일 경우에도 언제나 엔트로피(entropy)라 불리는 양을 다룬다. 그리고 자연현상에서는 모든 변화가 엔트로피가 증대하는 방향으로 옮아간다는 정리가 주어져 있다. 즉 열역학의 제2법칙인데 모든 계는 에너지 수준이 높은 쪽에서 낮은 쪽으로 옮아간다는 것이다.

화학변화를 연구하고 어떤 화학반응의 진행이나 화학평형에 이르는 상

그림 11-2 | 우리들 방은 팽개쳐 두면 자꾸만 난잡해진다. 난잡한 상태가 정돈된 상태보다 엔트
로피가 크기 때문이다

태 등을 생각하는 것에서 엔트로피라는 양은 중요한 구실을 하게 된다. 그
것은 어떤 반응에 즈음하여 그 계에 생기는 자유에너지의 변화가 그때의
발열 또는 흡열의 열량으로부터 엔트로피의 변화와 절대온도를 곱한 값을
뺀 값으로써 나타낼 수 있기 때문이다. 따라서 엔트로피가 증대하면 자유
에너지는 감소하는 것이고 화학변화는 자유에너지가 감소하거나 엔트로
피가 증대하는 방향을 향해서 일어난다고 표현할 수 있다.

그런데 화학을 배우는 사람에게 엔트로피라는 개념은 좀처럼 이해하기
힘든 경우가 있다. 그러나 그것은 분자의 운동을 염두에 두고서 다음과 같
이 생각하면 쉽게 이해될 것이다. 사실 엔트로피의 법칙은 난잡성 증대의

법칙이라고도 할 수 있는데 우리 서재나 거실은 팽개쳐 두면 자꾸 난잡해진다. 말하자면 엔트로피가 점점 더 증가해 간다고 표현해도 좋을 것이다. 그래서 이것들을 정돈하기 위해 우리는 힘을 들여 정리해야 되는데 그것은 외부로부터 일을 하여 엔트로피가 감소하는 방향으로 계를 이동한 것이 된다. 자연 그대로 팽개쳐 두면 우리의 방은 난잡해질 확률이 정돈되는 확률보다 높다. 즉 이런 확률이 높은 상태일 때가 낮은 상태일 때보다도 엔트로피가 크다고 할 수 있다.

분자 분포상태의 확률

열운동을 생각해 보면 지금 방 안 공기의 각 분자는 무질서하게 난잡한 운동을 하고 있어 그 결과 방안은 어느 부분이든 같은 밀도로 분자가 분포돼 있다. 그러나 통계학적인 확률을 생각해 본다면 방의 각 부분마다 분자의 분포밀도가 다를 경우도 있을 수 있고, 방 안의 공기가 모조리 한쪽 구석으로 몰려 있고 다른 쪽은 진공이 돼 버릴 확률도 전혀 없는 것은 아니다. 그러나 그와 같은 확률은 형편없이 낮은 것으로 우리는 갑자기 앉아 있던 곳이 진공이 되어 질식하지 않을까 하는 걱정은 쓸데없는 걱정이다.

지금 방 안의 분자수가 단 한 개라면 그 분자가 방 한쪽으로 갈 확률은 1/2이다. 그러나 방의 크기를 5만 l 라고 한다면 분자는 10^{27}개 정도가 존재하게 되므로 그것이 모조리 방의 절반 쪽으로 이동해 버릴 확률은 (1 / 2

$)10^{27}$이 된다. 상온에서 공기 속 분자의 속도는 매초 500m 정도이므로 방 한쪽 끝에서 다른 끝으로 이동하는 시간은 약 0.01초밖에 안 걸린다. 따라서 1초에 분포가 100번 뒤바뀐다고 하고 모든 분자가 한쪽으로 모일 가능성을 계산한다면 $10^{299,999,999,999,999,999,999,999,998}$초에 한 번이라는 것이 된다. 이것은 터무니없이 긴 시간이어서 우주의 나이 50억 년을 초로 환산하면 10^{17}초 정도에 지나지 않으므로 이런 일이 일어날 확률은 사실상 제로라고 할 수 있다.

지금 진공인 방의 꼭 절반에 2기압의 공기를 넣었다고 하더라도 그것은 순식간에 퍼져서 방 전체가 1기압의 공기로 채워져 어느 부분도 분자의 분포밀도가 같아질 것이다. 즉 전체가 같은 밀도가 되었을 때가 가장 확률이 높은 상태인 것이다.

이야기가 약간 빗나간 듯하지만 열역학으로 되돌아가기로 하자. 모든 분자의 불규칙적인 운동으로 인해 일어나는 변화는 언제나 확률이 높은 방향으로 진행하고 이제는 더 변화가 일어나지 않게 되어 평형상태에 이르면 그때가 가장 확률이 높은 상태인 것이다. 이것이 바로 열역학의 제2법칙이다.

엔트로피와 화학변화

따라서 화학반응과 화학평형을 연구할 때 여러 가지 상태에서의 분자의 분포확률을 구하고 그것을 바탕으로 해서 반응의 진행이나 평형상태를 논할 필요가 있다. 그러나 이 경우에 여러 가지 분자분포의 확률이라는 것은 앞에서 말한 방 안의 공기가 한 쪽으로만 몰리는 경우의 예처럼 매우 작은 수일 때가 많아 다루기가 불편하다. 거기서 확률 대신 그 대수(對數)를 사용하는 것이 보통인데 그 양이 엔트로피인 것이다. 그래서 열운동에 관계가 있는 물리현상이나 화학현상을 다룰 경우에는 언제나 엔트로피가 중요한 역할을 하게 된다.

그래서 화학반응에 관한 열역학의 제2법칙을 바꿔 말한다면 어떤 계에서 자연히 일어나는 화학반응은 엔트로피가 증대하는 방향으로 진행하고 마지막의 화학평형의 상태는 엔트로피가 최고의 값에 도달했을 경우에 해당한다는 것이 된다.

그런데 자연현상에서도 엔트로피가 감소하는 방향으로의 반응이 실제로 존재하는 것이 관찰된다. 이를테면 이산화탄소와 물로부터 당류가 합성되는 광합성 등이 그 대표적인 것인데 이 경우에는 태양에서 보내오는 에너지가 공급됨으로써 그것이 가능해지는 셈이다. 우리 체내에서의 생리 현상을 비롯하여 생명현상에는 그런 예가 많은데 그럴 때는 항상 밖으로부터 에너지가 공급되거나 아니면 계 내의 대부분에서 엔트로피가 증대하는 반응이 진행되고 그 보상으로서 일부분에 엔트로피가 감소하는 반응이 일어나는 데 불과하다.

우리는 외계로부터 음식물을 섭취하여 그것을 체내에서 연소시키고 그 생성열을 이용해서 운동을 하거나 합성반응을 일으켜 성장한다. 즉 연소라는 반응으로 엔트로피가 증대하여 많은 열운동의 소비와 더불어 일부에서 엔트로피 감소의 근육운동이나 단백질의 합성을 하고 있는 것이다. 이것은 마치 열기관과 같은 것으로서 열기관에서는 대량의 열에너지를 낭비하면서 그 일부의 분자운동에 방향 설정을 부여하여 피스톤을 움직여 기계적 에너지를 얻고 있다. 그러므로 열기관을 이용하는 한 우리는 열에너지를 역학적 에너지로 바꾸는 열효율을 50% 이상으로 하는 것은 불가능한 일이다.

12장

반응속도와 촉매작용

12. 반응속도와 촉매작용

반응속도의 촉진

화학반응이 진행되거나 평형상태에 도달하거나 역반응이 일어나거나
하는 사정은 제11장의 여러 법칙을 살펴보며 이해할 수 있었다. 하지만 실
제의 화학반응을 보고 있으면 연소와 같이 급속하게 진행되는 반응도 있고
암모니아의 합성처럼 그저 수소와 질소를 혼합하기만 해서는 언제까지 기
다려도 진행되지 않는 반응도 있다. 공업화학에서는 일어나기 어려운 반응
을 진행하거나 시간이 걸리는 반응을 촉진하여 여러 가지 유용한 물질을
경제적으로 제조하는 기술이 연구되고 있는데 반응속도를 촉진하려는 조
작은 어느 경우에도 가장 중요한 일이다.

반응속도를 촉진하는 방법으로 맨 처음에 머리에 떠오르는 것은 가열
로 온도를 상승시키는 일이다. 화학반응의 속도는 온도가 10℃ 상승할 때
마다 약 두 배로 증가한다는 사실은 상식으로도 잘 알려져 있는 일로서 화
학실험에서는 걸핏하면 우선 가열이 시도된다.

이미 살펴본 것처럼 화학반응은 분자의 충돌이 근원이 되어 일어난다
는 것은 말할 나위도 없다. 따라서 분자가 충돌하는 확률을 높이는 것이 반
응속도를 촉진시키는 첫째 조건이 되는 것은 당연한 일이다. 고체의 물질
에서는 설사 분자진동이 일어나고 있더라도 분자의 자유로운 행동은 불가

그림 12-1 │ 화학공업에서는 반응속도를 촉진하는 것이 가장 중요한 문제이다

능하기 때문에 아무래도 고체끼리만으로는 쉽게 반응을 진행시키기 곤란하다. 그래서 고체는 될 수 있는 대로 잘게 부수어 혼합하지 않으면 안 되며 또 용제나 물에 녹여서 분자가 자유로이 행동할 수 있게 해야 한다.

액체도 그러하지만 액체 속에는 종류에 따라서 물과 기름처럼 혼합되지 않는 것도 있으므로 이런 경우에는 양자를 미세한 입자로 분산시켜서 유제(emulsion) 형태로 하면 될 것이다. 그러나 그보다도 액체를 증발시켜 기체형태로 바꾸어 균질하게 혼합시킨다면 분자는 한층 더 신속하게 충돌할 기회를 얻어 반응하기 편리할 것이다.

반응속도와 온도, 압력

물론 화학반응을 촉진시키는 데는 그와 같은 방법이 여러 가지로 적용되고 있다. 그러나 여기서는 반응속도에 관한 기초적인 문제를 생각하는 것이므로 단순한 기체의 반응만을 알아보기로 한다. 기체라면 이야기가 간단해서 분자충돌의 확률을 높이기 위해 온도를 상승시켜 분자의 운동속도를 가속하고 충돌기회를 증대해 주면 되는 것이다. 다음에는 높은 압력으로 기체를 압축하는 것도 한 방법인데 압축되면 단위 부피 속 기체의 양이 늘어나기 때문에 당연히 분자의 농도가 증가해서 충돌기회가 많아질 것이 틀림없다. 그러므로 기체반응에는 고온·고압이 이용되는 예가 많다.

그러나 반응을 촉진할 때 언제나 고온·고압이 유리한 것만은 아니다. 가열에 의한 온도상승도 발열반응에 대해서는 평형이 반대 방향으로 이동하는 것이 되기 때문에 생성물의 농도를 높이는 것에서는 도리어 손해가 된다. 그럼에도 발열반응에서도 가열해서 높은 온도를 주는 방법을 취하는 이유는 화학평형 쪽에서 손해를 보더라도 온도상승에 따르는 반응속도의 증가에 의한 생산 향상이라는 수익면에서 보충하고도 남기 때문이다. 그렇다고 해서 온도를 지나치게 높이면 평형상태에서의 손실이 커져서 해로운 결과가 되는 것은 당연하다. 그래서 제11장의 화학평형에서 말한 대로 적당한 온도를 선택하는 것이다.

압력이 어떤 반응에도 다 유리하다는 것은 아니다. 화학평형에서 생각한다면 암모니아 합성이나 메탄올 합성 등과 같은 반응으로 부피의 감소가 일어나는 것에는 고압이 유리하고, 반대로 반응에 의해서 부피가 증가하는 것에 대해서는 고압이 불리하다. 그러나 저압이 유리한 경우라도 압력을 지나치게 낮추면 분자가 충돌할 기회가 적어지고 반응속도가 늦어져서 손해를 보게 되며 여기서도 온도의 경우와 같은 관계가 일어나게 된다.

준안정상태

물질이 모두 처음부터 미리 원자상태로 되어 있었다고 한다면 반응은 무척 일어나기 쉽다. 또 온도를 올리거나 농도를 높이거나 해주면 그 반응이 점점 빨리 진행될 것이다. 그러나 실제로 많은 물질의 단위 입자는 원자가 몇 개 결합하여 분자를 만들고 있다. 그것은 단체(單體)의 경우에도 그러하고 수소, 산소, 질소, 염소 등의 기체원소에서는 2원자가 결합해서 분자를 구성하고 있는 것이다. 그러므로 그와 같은 물질이 서로 반응하는 성질을 가졌다고 하더라도 그저 혼합하기만 해서는 반응이 일어나지 않는 것이 보통이다. 다소 가열하여 충돌 기회를 높여 주더라도 반응이 시작되지 않는다. 이처럼 열역학적으로는 진행되어야 할 반응이라도 실제는 움직이기 시작하지 않는 경우 그 반응계는 준안정상태(metastable state)에 있다고 한다.

사실 많은 반응물질 사이에 준안정상태가 존재하고 있으며 이를테면 가연물(可燃物)인 우리의 목조가옥이나 가구, 의류 또 우리의 몸 자체도 공기 속에서 산소와 접촉하고 있는데도 별로 불타는 일도 없이 긴 세월을 안

전하게 있을 수 있는 것은 연소가 저지되는 준안정상태에 있기 때문이라고 할 수 있다. 그렇다면 어째서 이와 같은 준안정상태가 일어나는 것일까? 그것은 화학변화가 일어나기 위해서는 일단 에너지준위를 끌어올려서 「퍼텐셜장벽」이라 불리는 상태를 넘어서야만 하기 때문이다. 즉 산 위에 있는 호수의 물은 중력에 의해서 산의 빗면을 따라 기슭까지 흘러내려 가야 하는데 그러기 위해서는 먼저 호수의 물을 펌프로 일단 끌어올려 둑을 넘어서도록 하지 않으면 안 되는 것과 같은 이치이다.

퍼텐셜장벽을 만드는 것

그렇다면 화학반응에서 호수의 둑, 즉 퍼텐셜장벽을 만들어 내는 원인은 무엇일까? 그 하나는 분자를 일단 해리시켜서 원자상태를 만들어 내게 하는 데 필요한 에너지이다. 산소와 수소의 혼합가스가 폭발을 일으키기 전에는 우선 2원자분자인 산소나 수소분자를 일단 결합을 끊어서 원자상태로 만드는 에너지가 필요한데 그 에너지로 우리는 성냥불을 점화하거나 스파크(spark)를 튕기거나 해서 자연발화온도 이상으로 가열해 주지 않으면 안 된다. 이 조치에 의해서 분자가 가속되어 강한 에너지로써 충돌해서 원자 사이의 결합력을 깨뜨리고 각각의 원자로 해리한 다음 다시 상대 원소와의 화합을 시작하는 것이다.

그러므로 우리가 성냥으로 가스레인지에 불을 붙이거나 라이터로 담배에 불을 당기거나 자동차의 엔진 속에서 고압의 전기불꽃을 튕겨 가솔린 증기와 공기의 온합가스를 폭발하는 것도 모두 위에서 말한 의미를 지니고 있는 것이다. 일반적인 연소반응에서는 강한 발열반응이기 때문에 극히 일부분에 점화해서 반응을 출발시켜 주면 반응열로 고온이 발생하므로 나머지는 그 열이 인접 부분을 발화온도 이상으로 가열시켜 연쇄반응으로써 연소가 가속되고 퍼져 나가는 것이다.

철의 촉매작용

그러나 화학반응의 종류에 따라서는 이와 같이 간단하게 진행되어 주지 않는 것도 많다. 설사 발열반응이고 당연히 진행되어야 할 성격의 것이라도 그 발열량이 적은 것 등에서는 가열로써 반응속도를 촉진하려 해도 쉽게 반응이 진행되지 않는 것이다. 암모니아 합성반응 등도 그런 예로서 암모니아의 평형 농도를 높이기 위해 수백 기압의 고압으로 하여, 반응속도를 높일 목적으로 500℃의 고온을 유지하더라도 반응은 도무지 진행되지 않는다. 1908년에 독일의 하버는 철, 산화알루미늄(알루미나, Al_2O_3), 산화칼륨 등을 혼합한 것을 고온·고압으로 유지한 반응관(反應管) 속에 채워두면 질소와 수소가 결합하는 반응이 시작되어 암모니아가 생성된다는 사실을 발견했다. 철이 질소와 수소를 결합시키는 매개체로서 작용하는 것으로 화학 용어를 쓰면 촉매의 작용을 했다는 것이 된다.

그렇다면 어째서 철이 질소와 수소를 결합시켜 암모니아를 생성하는 반응의 촉매 역할을 하는 것일까? 그것은 금속 표면에는 높은 온도에서 여러 가지 기체물질이 흡착되는데 이런 경우에는 흡착된 기체분자는 금속이 갖는 화학결합력의 영향을 받아서 원자상태로 해리되는 것이 보통이다. 이러한 흡착을 활성화 흡착(活性化吸着)이라고 하는데 암모니아합성의 경우에는 철이 질소와 수소를 흡착해서 각각 원자상태로 바꾸어 버린다. 그렇게 되면 결합하기 어려운 질소와 수소도 결합하게 되고 따라서 암모니아의 분자가 생성되어 철의 표면으로부터 도망치게 되는 것이다. 이렇게 해서 촉매인 철의 표면에서 차례차례로 암모니아 합성이 이루어지게 되는 것이다.

백금의 촉매작용

이러한 촉매작용이 훨씬 더 일어나기 쉬운 반응에 적용된다면 어떻게 될까? 이를테면 산소와 수소를 화합시키는 반응 등에서는 어떨까? 산소와 수소를 혼합한 이른바 폭명(爆鳴)가스는 성냥불로 점화하면 순간적으로 격렬한 폭발을 일으켜 물을 형성한다. 전기의 스파크를 혼합가스 속에서 튕겨도 곧 폭발이 일어난다. 그러나 그렇게 하지 않더라도 백금흑(白金黑)이라고 불리는 미세한 백금가루를 석면에 묻혀 조용히 수소와 산소의 혼합가스 속에 넣어주면 설사 상온에서라도 당장에 폭발해서 물이 되거나 팔라듐(Pd) 가루가 된다. 이 경우에는 백금이나 팔라듐이 촉매 역할을 하게 되며 백금 표면에 수소와 산소의 분자가 흡착되어 원자상태로 해리해서 즉시 결합하여 물분자를 만든다. 그리고 그때의 발열로 주위의 가스를 발화온도까지 가열하여 전체에 폭발을 일으키게 하는 것이다.

백금에는 이러한 촉매작용을 하는 활발한 성질이 있어서 여러 가지로 널리 응용된다. 백금회로(懷爐)는 백금이 붙은 석면으로 가솔린 증기를 공기가 부족한 상태에서 천천히 연소시키려는 것이다. 백금회로는 일단 촉매를 성냥불로 가열해서 반응을 시작하게 해야 하는데 메탄올 증기의 혼합물이라면 낮은 온도에서도 백금은 촉매작용을 시작하여 메탄올에 점화할 수 있다. 지금 가느다란 백금선을 코일에 감아서 유리 막대 끝에 붙이고 비커에 담은 메탄올의 표면 가까이에 가져가면 이윽고 메탄올의 산화물인 포르말린(formalin) 냄새가 나며 백금은 차츰 빨갛게 되고 이로 인해 메탄올에 불이 붙어서 타기 시작할 것이다. 흔히 화학실험에서 해 보이는 반응이지만 이것이 담배의 라이터에 응용되고 있는 것은 재미있다. 바람이 부는 곳에서도 점화할 수 있는 라이터가 바로 이것인데 물론 연료는 메탄올이다.

촉매란 무엇인가?

그렇다면 촉매란 무엇을 가리키는가? 촉매란 화학반응에 대하여 그 반응속도를 촉진할 만한 제3의 물질을 말한다. 촉매의 역할을 하는 물질은 얼핏 보아서 그 반응과는 관계없는 물질로서 더구나 반응 전후에 양으로나

질로나 변화가 없는데도 그것이 반응계(反應系) 내에 들어가면 그 특정 반응을 시동하게 하거나 가속하게 하거나 하는 작용을 해서 그 반응을 원활하게 진행시키는 이상한 활동을 하는 것이다. 또 반응속도를 촉진하지 않고 느리게 한다면 그것도 역시 촉매라고 할 수 있는데 이와 같은 촉매를 **부촉매** (negative catalyst)라고 한다. 이를테면 자동차의 가솔린 속에 유독한 사에틸납[tetraethyl lead, $(C_2H_5)_4 Pb$]을 넣어서 노킹(knocking)을 방지하는 일이 행해지고 있는데 이것은 가솔린 증기와 공기의 혼합가스가 폭발하는 속도를 늦추게 해서 이상폭발의 노킹을 멈추게 하려는 부촉매라고 할 수 있다.

촉매는 이처럼 일어나기 어려운 반응을 촉진하기도 하고 여러 가지 새로운 화학제품을 만들어 내는 데도 도움이 되고 있다. 그래서 때로는 〈철

그림 12-2 | 모든 화학반동에는 어떤 형태로서건 플러스나 마이너스의 촉매가 존재한다

학자의 돌)(Philosopher's Stone)처럼 만능의 힘을 가지고 있다고 오해받는 경우가 있다. 그러나 촉매는 결코 열역학적으로 볼 때 일어날 수 없는 화학변화를 일어나게 하거나 화학평형에 변화를 주거나 하는 일은 없다. 다만 반응속도의 촉진이나 지연을 관장할 뿐이라는 것을 알아두어야 한다. 생리현상을 지배하는 **유기촉매**인 효소 등은 놀랄 만한 미묘한 반응을 진행하므로 신비한 느낌마저 일으키는데 이런 체내의 생화학반응만 해도 일어날 수 없는 반응이 일어나고 있는 것은 아니다.

그런데 자연이라는 것은 참으로 정묘하게 되어 있어서 화학반응에 있어서도 촉매현상 등은 정말로 자연의 묘(妙)라고 하지 않을 수 없는 경이적인 것이라고 생각한나. 그것은 실제로 어떤 화학반응에서도 어떠한 형태로건 촉매가 관여하고 있지 않은 것이 없다고조차 말할 수 있으며 이러한 현상이 존재하지 않는다면 지구상에 화학변화라는 것은 거의 일어나지 않을 것이고 물질의 진화, 생명물질의 탄생 등의 일도 볼 수 없었을 것이다. 실제로 촉매 없이 제멋대로 진행된다고 생각될 만한 반응이라도 자세히 살펴보면 촉매가 존재해서 작용하고 있는 경우가 많다. 이를테면 수소나 그 밖의 다른 가스가 산소와 화합해서 폭발하는 것만 해도 그 속에 얼마 안 되는 수분이 존재해서 촉매작용을 하고 있다는 것이 알려져 있으며, 완전히 건조된 상태에서는 이 기체들의 연소도 일어나지 않는다는 사실이 있다. 또 아무리 생각해도 촉매의 관여가 없다고밖에 생각되지 않는 반응이 있다면 비커나 플라스크 반응관 등의 기벽(器壁)인 유리, 도자기 또는 금속재료의 표면이 그와 같은 역할을 하고 있다고 생각하면 우선 틀림없는 일이다.

촉매는 화학반응을 지배하는 정보

무수히 존재하는 화학반응의 하나하나를 조사해 보면 거기에는 반드시 그 반응을 진행시키는 촉매가 존재한다. 그리고 촉매는 각각에 따라 다르지만 단순한 반응을 젖혀두고라도 유기물 등의 복잡한 반응이 될 것 같으면 그저 간단하게 촉매가 반응속도를 촉진한다는 따위의 사고방식으로는 그 움직임을 설명할 수 없다. 아무래도 촉매는 반응을 매개한다고 말하기보다는 그것을 지배한다고 하는 표현을 쓰는 편이 나을 것이다.

우주의 모든 현상은 우리 사회의 움직임까지도 포함하여 물질, 에너지, 정보의 세 요소의 존재에 의해서 움직인다고 말할 수 있는데, 화학반응도 마찬가지여서 우선 물질이 있고, 그것에 에너지가 개재하여 변화가 일어나는데 그 변화의 형태를 지배하는 정보가 없으면 안 된다. 그 정보가 촉매작용이며 그것에 의해서 반응의 방향 설정이 이루어지는 것이라고 해석할 수 있을 것이다.

그 정보는 촉매물질의 분자구조 속에 있는 셈인데 정보 즉 인포메이션(information)이라는 말 대신 패턴(pattern)이라는 말을 쓰면 더 이해하기 쉽다. 마치 복잡한 무늬로 천을 짤 경우의 본종이(型紙)와 같은 것이라고 생각하면 된다. 촉매의 분자 속에서 원자나 원자단이 만들고 있는 특별한 구조를 반응물질이 통과할 때 그것에 대응하는 형태의 결합이나 분해가 일어나서 어떤 특정 생성물이 만들어지는 셈이다.

일산화탄소라고 하는 가스와 수소가스로부터 여러 가지 약품을 합성할 수가 있다. 이 두 가지 가스를 혼합하여 가열해서 반응을 시키는데 생성되는 물질로는 메탄, 메탄올, 에탄올, 브타놀, 파라핀탄화수소 등이며 그때 사용하는 촉매에 따라서 생성물이 달라진다. 철이라면 메탄이 될 것이고, 구리와 크롬이라면 메탄올, 거기다 알칼리가 가해지면 브타놀, 또 코발트를 촉매로 하면 석유의 성분인 탄화수소 기름이 만들어진다. 또 루테늄(Ru)을 사용하면 천연석유 속에 존재하지 않는 딱딱한 파라핀이 생성되기도 한다. 이처럼 촉매가 갖는 패턴으로 합성반응의 형태가 결정되는 이치일 것이다.

지구표면에 존재하는 유기물, 그리고 생물은 이처럼 암석이나 흙이 갖는 촉매 정보를 통해서 태어났다고 생각할 수 있으며 또 생물 그리고 우리의 몸이나 성격이 세포의 염색체 속에 있는 유전자 DNA가 갖는 유전정보에 의해서 전해진다는 것은 그간의 사정을 말해 주는 것으로서 DNA의 분자구조 자체가 일종의 촉매의 패턴적인 성격을 지니는 것이라고 생각하면 될 것이다.

촉매작용의 메커니즘

그렇다면 이 촉매라는 것은 도대체 어떤 메커니즘으로 반응의 중개 구실을 하고 있을까? 그것은 개개의 촉매에서 여러 가지로 다른 기구를 생각할 수 있다. 그러나 가장 흔한 것은 앞에서 말한 산소와 수소의 반응에서 백금처럼 표면에 활성화 흡착이라는 현상으로 분자를 취해서 원자로 해리시키는 것이라고 생각된다. 어유(魚油)에 수소를 작용시켜 경화유(硬化油)를 만들기 위한 니켈촉매도 그 예로서, 니켈의 표면에 수소가 흡착되는 것이 그 작용의 원인이다. 그러나 그 밖에 촉매가 중간화합물을 만들어서 반응을 전달하는 등의 작용례도 많다. 산화철이니 산화망간이니 하는 금속산화물이 산화반응의 촉매가 되거나 하는 경우는 낮은 수준의 산화물과 높은 수준의 산화물 사이를 왕복하면서 산소를 상대에게 공급하는 기능을 하는 것이다.

촉매의 정의에는 반응속도를 촉진하거나 늦추거나 할 뿐 물질로서는 반응 전후에 양도 질도 변하지 않는다고 표현하고 있다. 그러나 반응하는 도중에서는 가스를 흡수하거나 중간화합물을 만들거나 해서 그런대로 촉매 자체가 변화를 일으키고 있는 것이다.

또 촉매의 기능도 따지고 보면 단순히 반응속도에만 관여하는 것이라고는 말할 수 없다는 것을 알게 된다. 암모니아 합성의 경우 등에서는 반응관 속에 가득 채워진 촉매 속을 반응가스가 통과해서 전부 촉매와 접촉하는 것이 되겠지만 산소-수소 혼합가스에 미량의 백금이 공급되어 폭발을 일으키게 하는 것은 오히려 반응의 개시제(開始劑)가 된 것이라고 해석하는 편이 옳을 것이다. 개시제라고 하면 플라스틱류를 제조할 때 중합촉진제(重合促進劑)로서 과산화벤조일, 과산화메틸에틸케톤 등의 유기 과산화물이 모노머(monomer, 單位體)에 가해지는데 이 과산화물들도 중합촉매(重合觸媒)로는 불리고 있으나 반응개시제라는 의미가 강하다. 더구나 이 경우에는 과산화물은 생성된 고분자화합물 분자의 말단기(末端基)가 되어 그대로 남기 때문에 반응 전후의 질량에서 변화가 없다는 정의는 들어맞지 않는다.

다종다양한 촉매

그런데 반응마다 여러 가지 독특한 촉매를 가지고 있다는 것은 재미있는 일이다. 경화유의 제조나 석유의 수소첨가 · 분해 등 수소를 작용시키는 반응에는 금속인 백금이나 니켈이 좋은 촉매가 된다. 암모니아를 합성할 때의 촉매는 철이며, 메탄올 **합성촉매**는 구리와 아연 또는 아연과 크롬이고 인조석유의 합성촉매는 코발트이며 합성고무의 **중합촉매**는 금속나트륨이다. 아세트알데히드(acetaldehyde)를 제조할 때의 촉매는 수은이다. 메탄올을 산화시켜 포르말린을 만들 때는 은이 촉매로 쓰인다. 황산제조의 촉매는 오산화바나듐(V_2O_5)이며, 질산의 제조에는 산화코발트가 쓰이기도 한다. 게다가 촉매가 되는 물질은 금속이나 금속산화물로 한정되지 않는다. 액체인 경우가 있는가 하면 기체인 경우도 있다. 물질로서도 굳이 순수한 물질이어야 할 필요는 없다. 오히려 혼합물이나 미량의 불순물을 포함하는 경우가 뛰어난 작용을 보이는 것으로 그런 의미에서 암석이나 토양 등이 좋은 촉매가 되는 반응도 있다. 석공업 등에서는 토양의 일종인 규산알루미나인 활성백토가 정제(精製)나 분해공성에서 활발히 쓰이고 있다.

이러한 다종다양한 촉매가 있다는 것이 이상하게 생각될지도 모르지만 따지고 보면 하나하나의 반응은 각각 다른 물질의 분자나 원자가 서로 작용하는 것이므로 그것들을 잡아서 특정한 결합을 시키려는 촉매물질의 구조나 형태, 기능이 각각 다른 것은 당연한 일이다. 그러므로 같은 철이라면 철이 다른 반응의 촉매가 될 때, 암모니아 합성이라면 **보조촉매**로서 알루미나가 가해지고 워터가스에서 수소를 만들 때는 산화크롬이 첨가되며 알코올의 합성에는 알칼리가 가해진다는 식으로 그 상태는 각각에서 달라질 필요가 있다.

요즘의 델리키트한 합성반응을 성공시키기 위해서는 그것에 적합한 촉매를 찾아내는 일이 우선 가장 중요한 일이 되었다. 이를테면 저압에서의 폴리에틸렌이나 폴리프로필렌(polypropylene)의 합성에는 중합촉매로서 에틸알루미늄이나 사염화티탄 등의 물질의 발견이 크게 공헌했다. 그 후 유기금속화합물이 여러 가지로 새로운 합성의 촉매로 등장하고 있다.

유기촉매(효소)

더욱 복잡미묘한 반응인 생물체의 생화학반응에서는 특히 미묘한 작용을 하는 효소라 불리는 유기촉매의 도움을 빌지 않으면 안 된다. 녹말 당화(糖化)의 디아스타제, 알코올 발효의 치마아제에서 시작하여 혈액의 헤모글로빈, 광합성의 엽록소 등 각각 특유한 작용을 하는 무수한 효소류가 모여서 생명물질 즉 생물의 화학반응을 영위해 가는 것이다. 이들 효소 즉 유기촉매의 주성분은 단백질이며 그것에 미량의 금속이 핵과 같은 형태로 결합되어 있는 경우가 많다. 그것도 일종의 유기금속 화합물에 해당할지는 모르겠으나 효소는 매우 강한 활성을 지녔으며 생체 내의 곤란한 조건 아래서도 복잡한 반응의 진행을 가능하게 하고 있다. 단백질에서 원자단의 조합을 계산하면 그 종류가 10의 2000제곱이니 3000제곱이니 하는 초천문학적인 숫자가 된다. 반응이 방대한 종류의 효소에 의해서 움직이고 있는 셈이다.

13장

화학결합

13. 화학결합

원자 사이의 결합

원소와 원소가 결합하여 화합물을 만든다. 여러 물질 사이에 서로 화학 반응이 일어나 새로운 물질이 생성된다. 그와 같은 반응이 일어나는 원동력이라는 것이 원자와 원자 사이에 작용하는 결합력이라는 것은 이미 원자 구조에서 언급했다. 원자와 원자가 접촉한다. 그 원자의 종류에 따라서는 강하게 결합하는 것이 있는가 하면 쉽게 결합하지 않는 것도 있다.

또 절대로 결합하지 않는 것도 있다. 같은 원소의 원자라 해도 산소나 수소처럼 두 개의 원자가 한 개의 분자를 만드는 것도 있고 금속처럼 여러 개가 결합해서 커다란 결정이 되는 것도 있다. 또 아르곤이나 네온과 같은 영족기체류는 원자끼리로는 분자를 만들지 않는 이른바 단원자분자라 불리는 상태로 되어 있어서 다른 영족기체의 원자와의 사이에서 결합이 일어나지 않는다.

그렇다면 이처럼 원자 사이에 작용하는 결합력이라는 것의 정체는 도대체 무엇일까? 우리 주위에는 여러 가지 결합력이랄까 물체가 서로 끌어당기는 힘이 존재하고 있다. 중력, 분자력, 전기적 인력, 자기력 등이 그것이다. 또 원자핵 속에서 양성자나 중성자가 강하게 결합해 있는 핵력이라는 것도 알려져 있다. 화학결합력이라는 것도 원자 간에 이 흡인력 중의 어느 것이 작용하는 것일까? 아니면 또 다른 화학결합력이 존재하고 있는 것일까?

화학결합력은 전기적 인력인가?

원자의 구조에 대해서는 이미 중심에 양전하를 가진 원자핵이 있고 그 주위를 그 양전하를 중화할 만큼의 수의 전자가 회전하고 있다는 사실이 밝혀졌다. 그래서 이러한 원자가 서로 결합할 수 있는 힘이라는 것은 아무래도 전기적 인력 때문이 아닐까 하는 생각이 떠오른다. 게다가 만약 원자의 결합력이 중력이나 반데르발스힘(van der Waals force)이라 불리는 분자력이라면 화학결합은 훨씬 더 약할 것이고 또 어떤 원자나 분자라도 같은 결합성을 보일 것이다. 그러나 실제의 원자는 그 종류에 따라서 결합방법이 크게 다른 것을 보면 분자력이나 중력은 아닐 것이다.

화학결합을 가져다주는 원자 사이의 인력은 화학결합력이나 친화력(親和力)이라 하는데 그것이 전기적인 인력이라고 하면 어떤 모습을 보여주는 것일까? 원소의 화학적 성질이 원자번호에 관해서 주기성을 가지는 데서부터 그 화학적 성질은 원자의 가장 바깥쪽 껍질의 전자수에 의해서 결정된다고 하는 사고방식에 대해서는 이미 주기율의 항목에서 언급했었다. 가장 바깥쪽 전자수가 8개라면 그 원자는 영족기체와 같이 비활성을 나타내고 한 개라면 나트륨이나 칼륨과 같은 알칼리금속이 된다. 그리고 한 개에

그림 13-1 | 가장 바깥쪽 전자의 수가 8개라면 화학적으로 안정해진다

서 세 개 사이일 때는 금속원소이고, 5~7개인 것은 비금속, 그것도 7개라면 화학성이 맹렬한 할로겐원소인 염소, 플루오르, 브롬 등이 된다. 그 중간인 가장 바깥쪽 전자가 네 개인 원소는 금속과 비금속의 중간성질을 갖는 탄소나 규소이며 이온으로는 되지 않고 유기물 등으로서 독특한 성질을 가리키게 된다.

가전자의 수와 화학결합력

하기야 원소의 화학적 성질이 가장 바깥쪽 전자의 수로써 결정된다고는 하지만 사실 그것만으로서 결정되는 것은 아니다. 원자의 크기, 질량 안쪽에 존재하는 전자수에도 영향을 받는 것은 당연한 일이며 가장 바깥쪽 전자, 즉 원자가전자의 수가 같은 7개의 할로겐이라고 해도 염소와 브롬, 요오드 등으로 각각의 개성이 거기에 나타나는 것은 당연한 일이다. 그러나 화학결합에 관한 중요한 성질은 원자가전자의 수에 지배된다고 해도 상관없다.

거기서 원자가전자의 수와 화학결합력과의 관계를 생각해 보기로 하고, 우선 비활성인 영족기체의 사정을 기준으로 해서 분석해 나가기로 하자. 헬륨은 별도로 치고 다른 영족기체인 네온, 아르곤, 크립톤, 크세논, 라돈 등은 모두 가장 바깥쪽 전자수가 8개다. 그렇다면 원자가전자수가 8개라면 그 원소는 화학적으로 활발하지 않아서 다른 원소와 화합하기 어렵다. 즉 화학적으로 안정하다고 생각해도 될 것 같다.

그런데 사실 오늘날 영족기체라고 하더라도 절대로 비활성이고 화합물을 만들지 않는다고만은 말할 수 없게 되었다. 몇 해 전까지 영족기체는 노블가스(noble gas)라 불리며 분자도 만들지 않고 일체 다른 원소와는 화합물을 만들지 않는다고 말하고 있었다. 그런데 1961년에 바틀렛(Neil Bartlett, 1932~2008)이 크립톤을 자외선이나 X선으로 자극하면서 할로겐 등을 작용시켜 플루오르화 백금산 크립톤이라는 화합물을 합성하여 우선 영족기체가 화합물을 만들지 않는다는 종래의 개념을 깨뜨렸다. 또 그 밖의 플루오르화크립톤이나 플루오르화크세논 등을 만드는 데도 성공하고 있다. 이렇게 해서 그 전의 사고방식을 수정하지 않으면 안 되게 되었는데, 원자가 갖는 전자는 방사선 조사(照射) 등으로 두들길 수 있는 것이기 때문에 오늘날의 방사선화학을 적용한다면 영족기체의 화합물이라도 만들 수 있다는 것은 어쩌면 당연한 일이다.

옥테트의 형성

그러나 그것은 그렇다고 해도 방사선 등으로 특별한 조작을 가하지 않는 한 8개의 원자가전자는 원자에너지의 밸런스를 안정화시켜 비활성상태를 만들어 낸다고 해도 무방할 것이다. 이 원자가전자가 8개인 상태를 안정한 옥테트(octet) 또는 그냥 옥테트 등으로 부른다. 옥테트가 형성되어 있으면 그 원자는 화학적으로 안정하며 전자수가 8개가 아닐 때 그 원자는 화학적 활성을 나타내 다른 원자와 결합하는 성질을 낳게 되는 것이다.

그러면 원자가전자수가 8개가 아닐 경우에는 어떤 현상이 나타날까? 원자가전자가 7개라든가 또는 한 개든가 해서 8개 이외의 수가 되면 그 원자의 전자배열의 균형이 다소 불안정해진다. 그렇게 되면 가장 바깥쪽 전자를 8개로 해서 안정을 꾀하려는 경향이 나타나는데 가장 바깥쪽 전자를 몰아내든가 아니면 외부로부터 새로운 전자를 받아들여 어쨌건 가장 바깥쪽 껍질의 전자수를 8개로 만들려고 한다.

이를테면 주기율표의 제1족에 속하는 칼륨, 나트륨 등 알칼리금속은 원자가전자가 한 개뿐이므로 기회가 있으면 그것을 방출하여 안쪽의 8개의 전자로써 안정하게 되려고 한다. 또 Ⅶ족 B의 플루오르, 염소 등 할로겐 원소는 원자가전자가 7개인데 그 7개의 전자를 방출하기보다는 외부로부터 한 개의 전자를 받아들이는 편이 쉽기 때문에 가능하면 그것을 끌어들여서 가장 바깥쪽 전자를 8개의 옥테트로 만들려는 성질을 갖는다.

이온결합

이리하여 원자의 가장 바깥쪽 전자의 수를 억지로 8개로 했다고 하면 벌써 그 원자는 전기적으로 중성인 성질을 유지하고 있을 수는 없다. 또 전자의 방출이 행해진 경우는 양전하를 띠게 되고 전자를 외부로부터 받아들인 원자는 당연히 음전하를 띠게 된다. 즉 앞의 것은 양이온이 되고 위의 것은 음이온이 되는 것이다. 그러나 그렇게 되면 거기에 전기적인 인력이 발생하게 되고 양이온과 음이온은 전기적으로 서로 끌어당겨 중화하려고 하는데 이것이 화학결합력의 한 원인이 되는 것이다.

이와 같은 원자 간의 결합을 이온결합이라 부르고 있다. 대부분의 무기 염료는 이러한 이온결합에 의해서 생성되는데 지금 나트륨원자와 염소원자가 접촉했다고 하면 나트륨은 그 한 개의 원자가전자를 방출하려는 성질이 있다. 게다가 염소는 7개의 원자가전자에 한 개를 더해서 옥테트를 만들려고 하기 때문에 나트륨이 갖는 원자가전자는 염소 쪽으로 옮겨 가서 둘 모두 안정하게 된다. 그러나 동시에 나트륨은 양이온이 되고 염소는 음이온이 되기 때문에 둘 사이는 전기적 인력이 작용하여 염화나트륨이라는 화합물을 만들게 되는 것이다.

요오드화칼륨과 염화칼슘

마찬가지로 칼륨 원자와 요오드원자가 접촉하면 원자가전자가 1개인 칼륨은 그것을 팽개치고 원자가전자 7개인 요오드원자 쪽에 그것을 준다. 이렇게 칼륨의 양이온과 요오드의 음이온이 생성되어 서로 전기적으로 끌어당김으로써 요오드화칼륨(KI)이라는 이온쌍이 생성되는 것이다.

또 한쪽 원자가 칼슘과 같이 두 개의 원자가전자를 갖는 것이라면 역시 그 두 개의 전자를 방출해서 안쪽의 8개의 전자로 옥테트를 만들려는 성질을 나타내게 될 것이다. 그것이 지금 염소와 만났다고 하면 염소는 한 개의 전자밖에는 원하지 않기 때문에 칼슘 쪽은 두 개의 염소원자를 상대로 할 수가 있다. 그래서 칼슘은 두 개의 염소원자에서 한 개씩 전자를 공급하여 2가의 양이온이 되고 1가의 음이온인 염소이온 두 개와 전기적으로 서로 끌어당겨서 중화하여 염화칼슘($CaCl_2$)이 되는 것이다.

이온결합은 염류뿐

이온결합처럼 원자가 전기적으로 서로 끌어당겨서 결합한다는 것은 화학결합을 설명하는 것에서는 매우 편리하고 좋다. 그러나 모든 화합물에서도 이러한 방법으로 원자가 서로 결합한다고 생각할 수는 없는 것이다. 실제로 화합물이나 단체인 분자를 생각하면 이온결합은 오히려 한정된 화합물의 경우이고 대개의 경우는 이 설명이 성립하지 않는다는 것을 알게 될 것이다. 그리고 이온결합에서 원자가 결합하고 있는 것은 단지 염류에만 한정된다는 것을 알게 된다. 이를테면 수소원자 두 개가 결합하여 H_2라는 분자를 만들 경우에는 어떻게 해서 결합력이 생기는 것일까? 또 우리 주위에 무수히 존재하는 유기화합물은 모두 탄소원자끼리의 결합을 기초로 하고 있는데 그것은 결코 탄소가 양이온이나 음이온으로 되거나 해서 전기적으로 서로 끌어당긴다는 것은 아니다.

지금 수소원자 두 개가 서로 접근했다고 하자. 그 경우는 수소원자가 두 개씩 결합해서 2원자분자를 형성하는데 그 결합력은 한 개의 수소가 전자를 다른 수소원자에 주어서 수소의 음이온과 양이온이 생기는 결과 서로가 전기적으로 끌어당겨서 분자가 되기 때문이라고 생각해도 좋을까? 그러나 그와 같은 현상은 일어나지 않는 것으로 어느 쪽 수소원자도 전기적으로는 똑같은 성격을 가지며 전기적으로 중성인 원자끼리 결합하고 있다는 것이 확인되었다. 그렇다면 어떻게 해서 중성인 원자가 서로 끌어당길 수 있을까?

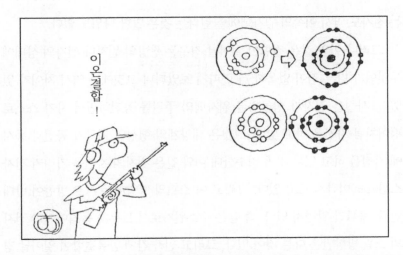

그림 13-2 | 원자 간의 결합에는 이온결합, 공유결합, 금속결합이 있고 또 그 중간 또는 혼합된 형
이 있다

공유결합

이런 경우도 결합의 원인이 되는 것은 역시 가장 바깥쪽 전자인 원자가
전자인데 그것은 이온결합처럼 한쪽 전자가 다른 원자의 전자껍질로 이동
하는 것이 아니라 원래의 원자에 소속된 상태대로 다른 원자의 원자핵에
끌어당겨지는 형태를 취하게 된다. 그렇다면 전자가 두 개의 원자핵에 의
해서 공유되는 것이라고 생각할 수 있는데, 그래서 이런 종류의 화학결합
양식을 공유결합(共有結合)이라고 부른다. 두 개의 수소원자가 접촉한 경우,
물론 그 한쪽 전자만이 다른 쪽 원자핵에 끌린다는 것은 아니며 상대가 갖

는 전자도 역시 이쪽의 원자핵에 끌린다는 것은 말할 나위도 없다.

그러나 이와 같은 결합이 일어날 경우는 쌍방의 원자나 전자의 상태에 무엇인가 다른 점이 없을까 하고 따져 보았더니 그것에는 역시 차이가 있었다. 사실은 전자가 빙글빙글 원자핵의 주위를 공전하면서 자기 스스로 팽이처럼 자전을 하고 있다. 그것은 태양계의 행성인 지구가 공전과 동시에 자전을 하고 있는 것과 비슷한데 이와 같은 전자의 자전을 가리켜 **전자 스핀**(spin)이라 부르고 있다. 그리고 이 스핀의 방향에는 서로 방향이 반대인 두 종류가 알려져 있다. 즉 같은 수소원자로서 모두가 동격이지만 전자의 스핀 방향만은 다른 것이 있다. 그리고 원자 간에 공유결합이 일어날 경우는 그 전자스핀의 방향이 서로 반대일 필요가 있는 것이다.

지금 만약 양쪽 전자의 스핀 방향이 같다고 하면 그들 원자 사이에는 거리의 여하에도 불구하고 반발력이 작용하는 것으로 두 수소원자는 결합을 일으킬 수가 없다. 그러나 스핀이 서로 반대 방향이라면 둘의 거리가 멀면 인력이 작용하고 너무 가까워지면 반발력이 작용해서 두 수소원자는 어떤 적당한 거리에서 평형을 유지하여 안정하게 된다. 이리하여 스핀이 반대 방향인 전자를 갖는 두 원자가 서로 평형을 유지하여 결합하게 되는데 이것이 공유결합이라고 불리는 화학결합방식이다.

그렇다면 공유결합이 일어났을 경우에 그것에 관여한 전자의 궤도 즉 껍질 쪽은 어떤 상태가 될까? 그것은 전자가 양쪽 원자핵에 공유되며 더구나 공전운동을 계속하는 이상 두 개의 원자핵을 중심으로 해서 그 주위를 회전하는 형태를 생각하면 된다.

이와 같은 공유결합이라는 형태는 수소원자뿐만 아니라 다른 여러 가지 원자의 결합에도 나타난다. 산소나 질소가 2원자분자를 형성하는 것만 해도 그러하고 유기화합물의 기초인 탄소원자끼리의 결합도 역시 전자를 공유하는 공유결합에 의해서 일어나는 것이다. 그렇다면 탄소원자는 어떻게 해서 공유결합을 하는 것일까?

탄소원자의 공유결합

탄소원자가 공유결합을 하는 경우도 역시 수소와 마찬가지로 두 개의 전자를 공유하는 형태로 결합한다. 그러나 탄소 원자의 가장 바깥쪽 전자의 수는 네 개다. 그래서 이 네 개의 전자 하나하나가 다른 탄소원자 한 개와 짝이 될 수 있는 것이다. 따라서 한 개의 탄소원자는 다른 네 개의 탄소원자와 결합할 수가 있다. 그리고 각각의 탄소원자가 네 개의 탄소원자와 결합함으로써 만약에 원자가 무수히 있다면 얼마든지 모여서 결정체를 만들어 배열하게 되는 것인데, 이렇게 해서 만들어진 정6면체의 결정이 다이아몬드이다. 그러나 때로는 탄소원자가 6개씩 고리(環)가 되어 벤젠핵과 같은 6각형의 결정이 되는 경우가 있다. 그 경우는 흑연이 되는 것으로 흑연에서는 6각판 모양의 결정이 층 모양으로 늘어선 형태를 취하는데 그런 층과 층 사이는 분자력으로 결합되어 있으므로 끊어지기 쉽다. 그래서 연필에 이용되는 연한 광물의 성질이 생겨나는 것이다.

그런데 여기서 잠깐 생각해 두어야 할 것이 있다. 그것은 다이아몬드는 전기의 부도체인데 같은 결정성 탄소인 흑연은 전기가 통하고 전극에도 쓰이는 양도체라는 점이다. 이러한 차이는 어디서 생길까? 전류라는 것은 전자의 이동으로 생기는 것이다. 다이아몬드는 네 개의 원자가전자가 모두 다른 원자의 원자가전자와 쌍을 만들어 고정되기 때문에 이동할 수가 없어서 전기의 부도체가 된다. 그러나 흑연의 경우는 6개로써 고리가 된 탄소원자는 각각 두 개의 전자만을 공유결합에 쓰고 있다. 따라서 나머지 두 개는 놀고 있으며 이 전자가 어느 범위를 움직여서 전기의 흐름을 전달하고 있는 것이다.

메탄의 경우

이와 같은 탄소원자가 수소원자와 결합하면 탄화수소가 된다. 이 경우도 탄소원자와 수소원자는 두 개의 전자를 공유한다. 그러나 탄소원자에는 네 개의 원자가전자가 있으므로 탄소 한 개는 네 개의 수소와 결합해서 CH_4라는 메탄분자를 구성하는 것이다. 이와 같은 경우 메탄의 탄소원자는 그 주위에 네 개의 전자쌍 즉 합계 8개의 전자를 갖게 되므로 그것은 옥테트의 형태여도 무척 안정된 물질이라고 생각할 수 있다.

금속결합

그런데 또 하나 이온결합이나 공유결합과는 다른 화학결합 방식이 있다. 금속은 한 개, 두 개 또는 세 개의 원자가전자를 가진 원소인데 같은 원자가 다수 결합해서 정연한 배열을 취한 결정을 구성하고 있다. 이와 같은 결합에서는 전자를 방출하거나 받아들여서 옥테트를 만들지는 않으나 철이나 구리에서 볼 수 있듯이 금속은 금속만으로써 단단한 결정을 만들고 있다. 금속의 경우에 볼 수 있는 특징의 하나는 어떤 금속도 전류가 잘 통하는 성질이 있다는 점이다. 전류가 흐른다는 것은 흑연의 경우에 말한 것처럼 전자가 이동한다는 것이다. 그래서 금속 속에는 자유로이 움직일 수 있는 전자가 있다는 생각을 갖게 되는 것이다.

즉 금속의 경우에는 각 원자가 이온의 형태로 정연하게 격자를 만들어 늘어서고 그 사이에 자유로이 이동할 수 있는 전자가 있어서 각 원자를 결합하는 힘의 근원이 되었다고 생각할 수 있다. 이것도 전자를 공유하기 때문에 공유결합의 일종이라고 생각할 수도 있으나 다만 다수의 전자가 불특정 다수의 원자에 의해서 공유되는 형태로 되어 있다. 이와 같은 금속원자를 결합하는 방식을 금속결합이라 부른다.

이와 같은 결합양식의 존재는 전기전도성(電氣傳導性) 외에도 여러 가지 금속의 성질로부터 추측하는 이유가 있다. 이를테면 금속을 자유롭게 구부리거나 느리게 할 수 있는 변형의 성질이 있는 것도, 즉 이동 가능한 전자가 전체 금속원자에 공유되어 있기 때문에 힘이 작용하면 원자 간의 결합이 파괴되지 않고서 원자 배열의 위치가 달라질 수 있으므로 변형이 가능하다고 생각할 수 있다. 결합에 관여하는 **자유전자**(free electron)는 이를테면 연한 접착제와 같은 작용을 하고 있다고 생각하면 된다. 또 금속의 열전도성이 좋은 것도 자유전자에 의해서 열운동이 급속히 전해지기 때문이라고 생각하고 있다.

결합의 복잡성

이처럼 화학결합에는 이온결합, 공유결합, 그리고 금속결합의 세 종류의 결합방식이 있는데 이 결합방식 사이에는 중간적인 형태도 존재해서 엄밀한 구별을 짓기 어려운 경우도 있고 또 한 분자 속에도 그것들이 공존하고 있는 경우도 있을 것이다. 그래서 화합물이 가리키는 화학적 성질에도 여러 가지 복잡미묘한 현상이 나타나는 것으로 생각할 수 있다.

그 밖에 수소결합이라 불리는 질소나 산소의 원자에 수소가 결합한 경우에 생기는 약한 결합방식이 있는데 그것은 제15장을 참조하기 바란다.

14장

이온결합과 화학변화

14. 이온결합과 화학변화

화학친화력과 이온결합

화학결합은 결국 이온결합, 공유결합 그리고 금속결합의 세 종류로 나누어 생각할 수 있는데 더 자세히 관찰하면 그렇게 엄밀하게 구별하기 곤란한 경우도 생기고 둘 이상의 결합방식이 공존하는 경우도 많아서 화합물이 복잡해지면 복잡해질수록 단순하게 규정할 수 없게 되는 것은 당연하다. 그리고 다른 물질 사이에 일어나는 화학반응의 원인이나 결과를 해석할 경우에 여러 가지로 어려운 문제가 얽히게 된다.

그런데 이들 화학결합에 대해서 화학친화력(化學親和力)이나 원소의 반응성 등을 생각할 경우에는 우선 이온결합을 들게 되는 것은 당연한 일이고 또 그 기구도 비교적 간단해서 이해하기 쉽다. 그렇다고 하더라도 단지 이온결합의 메커니즘만을 운운해서는 원소 간 결합력의 강약이나 치환반응(置換反應)이 일어나는 원인의 설명 등이 곤란해진다. 따라서 이온결합에 대해서도 그 현상을 좀 더 자세히 살펴볼 필요가 있을 것이다.

이를테면 이미 말한 대로 나트륨원자는 한 개의 원자가전자를 가지며 그것을 방출해서 1가의 양이온이 되려는 경향이 있고, 염소원자는 7개의 원자가전자를 갖기 때문에 안정한 옥테트를 구성하려고 외부로부터 한 개의 전자를 받아들여 그 결과 1가의 음이온이 되려고 한다. 거기서 나트륨과 염소가 접촉하면 둘 사이에 유무상통하여 안정한 옥테트가 성립되고 그 때문에 생긴 나트륨 양이온과 염소 음이온이 전기적으로 서로 끌어당겨서 염화나트륨이 생성되는 것이다.

할로겐원소와 금속원소의 결합

이와 같은 현상은 어떤 할로겐원소와 알칼리금속원소 사이에서도 마찬가지로 일어날 것이다. 그러나 겉보기의 현상은 같아도 그 결합에는 강약이 있다. 이를테면 염화리튬에 칼륨을 작용시키면 염화리튬의 염소는 칼륨 쪽으로 결합하는데 이것은 리튬을 유리시키게 될 것이다. 염소는 같은 알칼리금속이라도 리튬보다는 칼륨과 결합하기 쉽다는 것을 나타낸다. 이런 현상은 모든 원소를 통하여 널리 관찰되는 일인데 아리스토텔레스(Aristoteles, B.C. 384~322)는 이것에 인간적인 성격을 적용하여 연애의 좋고 싫음에 견주어 설명하고 있다. 하긴 어느 쪽을 좋아하느냐 하는 것과 같은 일이지만 화학의 연구에서는 그래서는 곤란하기 때문에 이미 말한 것과 같이 리드베리는 원자의 형상으로부터 매우 기계적인 가설을 만들어 냈던 것이다.

그러나 원자구조가 밝혀진 오늘날에는 이와 같은 설명은 아무 쓸모가 없다. 그래서 맨 처음에는 염소가 리튬보다도 칼륨에 대해서 보다 강한 결합력을 갖는다고 설명되었다. 그러나 지금은 리튬과 칼륨을 비교해 보면 리튬의 원자반지름 즉 이온반지름이 작고 원자가전자와 원자핵과의 거리가 가깝기 때문에 그 사이의 인력이 강해서 원자가전자를 방출하기 어렵다. 그러나 칼륨은 리튬보다도 이온반지름이 훨씬 크므로 원자가전자를 한층 방출하기 쉽고 따라서 이온이 되기 쉬우며 염소와 화합하기 쉽다고 설명하고 있다. 마찬가지로 할로겐원소에서도 플루오르는 요오드보다도 원자가전자의 껍질과 원자핵과의 사이가 훨씬 짧기 때문에 나트륨의 전자를 포획하기 쉬워서 플루오르화 나트륨을 쉽게 생성하게 되는 것이다.

원소의 활성과 이온화 능력

거기서 원소 활성의 정도, 즉 화학적으로 활발한가 어떤가는 그 원자가 이온으로 되기 쉬운가 어떤가로 가늠할 수 있을 것이다. 지금 수소와 수소 이온의 단극전지(單極電池)와 아연과 아연이온의 단극전지를 만들어 그것들을 조합하여 기전력을 재어 보면 0.76V라는 값을 얻는다. 이것에 비해서 카드뮴과 카드뮴이온의 경우에는 0.40V의 기전력밖에는 얻을 수 없다. 그래서 카드뮴보다 아연이 이온으로 되기 쉽고 그만큼 어떤 다른 원소와의 결합이 일어나기 쉽다는 것을 알 수 있다.

그러나 현실의 화학반응에 있어서는 반응하는 물질의 표면에 보호피막이 생기거나 온도, 압력, 농도 등의 영향을 받거나 촉매가 개입하거나 해서 조건이 매우 복잡하게 되어 있어 좀처럼 단순하게 그 사이의 관계가 해석되지 않는다.

금속과 비금속으로부터 염류를 생성

그런데 일반적으로 이온결합은 무기화합물에서 금속원소와 비금속원소가 결합하여 염류를 만들 때의 결합력에서 볼 수 있는데, 제I족의 알칼리금속, 제II족의 알칼리토류 금속, 제III족의 붕소나 알루미늄 등의 금속원소는 화합물을 만들 때 각각 전자를 한 개, 두 개 및 세 개를 방출하려 한다. 한쪽에 제VI족의 산소나 황 등과 또 제VII족의 할로겐원소는 각각 전자를 두 개 및 한 개를 받아들여 반응하게 된다. 따라서 금속원소는 전자를 방출하기 때문에 양이온이 되고 비금속원소는 전자를 받아들이기 때문에 음이온이 된다. 그리고 금속과 비금속의 이온은 각각 양전하와 음전하가 전기적으로 서로 끌어당겨서 결합이 일어난다. 즉 이온결합이 이루어지는 셈이다.

이온화합물

이와 같은 이온결합은 화학결합의 메커니즘을 생각하는 부분에서는 매우 알기 쉬워서 좋으나 모든 물질을 생각한다면 이온결합으로써 되어 있는 화합물이라는 것은 오히려 극히 일부의 특수한 경우뿐이다. 이온화합물인 식염, 질산칼륨, 염화칼슘 등 무기염류는 우리에게 잘 알려진 극히 예사로운 화합물이기는 하지만 화학결합을 논할 경우에는 이온결합 단독인 예는

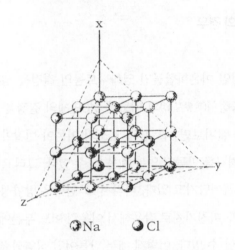

x

y

z

◉Na ◐Cl

그림 14-1 | 염류의 결정을 만드는 이온

오히려 매우 희귀하다. 그러므로 공유결합이 단독으로 또는 이온결합과 공
존해서 화합물이 형성되고 있는 경우가 훨씬 더 많은 것이다.

　그런데 물질의 성질을 생각할 경우 광범위한 성질이 단위 입자 간의 결
합력을 기초로 해서 생기는 일이 많다. 이를테면 물질의 녹는점이나 끓는
점 등은 분자운동 즉 열운동의 에너지와 입자 간의 결합력과의 경합으로
결정되게 된다. 또 모든 화학적 성질, 전기적 성질도 그것에 관련이 있다고
생각해도 되며 그래서 이온결합에 의해 만들어진 이온화합물의 성질에는
다른 결합에 의한 것과는 다른 이온결합이 가져다 주는 독특한 성질이 나
타나 있을 것이다.

염화나트륨의 경우

먼저 대표적인 이온화합물인 염화나트륨의 결정을 생각해 보기로 하자. 그것은 등축정형(等軸晶形)의 네모난 정6면체의 결정을 보이는데 그 속의 원자 배열을 살펴보면 나트륨과 염소의 이온이 번갈아 가며 정연하게 늘어서서 결정격자를 만들고 있는 것을 알 수 있다. 그리고 두 이온은 서로가 전기적으로 끌어당기고 있다. 따라서 그 인력은 방향성을 갖지 아니하고 어느 방향에도 마찬가지로 작용해서 이온의 어느 부분에서도 반대 전하의 이온과 결합할 수 있다. 이렇게 해서 만들어진 식염의 결정은 방향성을 갖지 않는 등축정계(等軸晶系)의 결정이 되는 것이다.

그러나 한편 염화나트륨 속의 나트륨과 염소의 두 가지 이온은 얼마든지 같은 방법으로 결합하여 무한히 큰 결정으로 성장해 갈 수 있다. 그렇게 되면 이미 우리가 배운 물질의 분자라는 것을 생각하면 염화나트륨의 분자란 무엇일까 하는 의문이 머리에 떠오를 것이다. 일단 염화나트륨을 $NaCl$로 쓰지만 실은 그것은 염화나트륨의 분자가 아니고 단지 나트륨과 염소와의 결합비율에 불과하다는 것을 알게 될 것이다. 식염을 1400℃ 이상의 높은 온도로 기화시켜 충분히 분해시킨다면 나트륨과 염소의 이온이 한 개씩 결합한 $NaCl$이 존재할 수도 있다. 그러나 그 속에는 Na_2Cl_2나 Na_3Cl_3도 섞일 것이고 다시 그것이 응고해서 고체가 될 때는 $Na_x Cl_x$가 되어서 x란 수는 몹시 큰 수가 되어 그것은 얼마라도 좋다는 것이 된다.

그러므로 식염처럼 이온결정을 만드는 화합물에는 분자가 존재하지 않는다고 말할 수 있다. 굳이 분자를 가정하려고 한다면 그것은 **초분자**라고 할 수밖에 없을 것이다.

이온화합물의 성질

거기서 식염을 비롯한 이온화합물은 다만 음·양 두 가지 이온이 번갈아 가면서 전기의 쿨롱힘으로 결합하고 있을 뿐이므로 이른바 그 화합물에 대한 단위 입자라는 것은 존재하지 않는다. 그러나 열에 의해서 용융이나 기화가 일어나 입자 간의 결합이 느슨해지거나 단절되는 경우는 그 이온 간의 강력한 쿨롱힘이 끊어지게 되므로 이온화합물은 대체로 그 녹는점과 끓는점이 공유결합 화합물에 비해서 높은 것이 보통이다. 이를테면 식염의 녹는점은 801℃이고 플루오르화 나트륨은 992℃, 염화칼슘은 774℃이다. 그리고 이것들이 용융된 경우에는 양이온과 음이온이 서로 뒤섞여서 움직이고 있는 모습을 나타내게 된다.

그러한 사정은 이온결합 화합물의 전기적 성질을 보면 잘 알 수 있다. 식염을 비롯한 이온화합물인 염류를 높은 온도로 가열해서 용융시켜 그 속에 탄소전극을 삽입하여 전지에 접속했다고 하면 녹은 소금 속에 쉽사리 전류가 흐르는 것을 볼 수 있고 또 탄소전극의 음극 쪽에는 금속이 석출될 것이며 양극 쪽에는 상대의 음이온이 중화되어 그 원소가 되어서 발생하는 것을 알게 될 것이다. 즉 용융염(鎔融鹽)은 전기분해가 가능한 것이다.

용융염과 염류 수용액의 전기분해

실제로 알루미늄, 마그네슘, 칼슘 등 수용액을 전기분해하여 제조할 수 없는 금속은 일반으로 용융염 전해법(鎔融鹽 電解法)으로 제조하고 있다. 이를테면 알루미늄은 플루오르화 알루미늄과 산화알루미늄의 혼합물을 높은 온도에서 용융한 다음 전기분해에 걸어서 만들고 있으며 마그네슘은 용융염화마그네슘의 전기분해로 제조된다. 또 최근에 주목을 끌고 있는 연료전지는 촉매작용을 가진 전극 한쪽에 연료물질을 보내고 다른 극에는 산소를 공급하여 전기를 발생시키려는 장치인데 연료로서 프로판이나 가솔린 등의 탄화수소를 사용하려면 고온이 아니면 안 된다. 그런데 수백 도의 온도에서는 수용액 전해액은 사용하지 못한다. 따라서 전해액으로는 용융염이 쓰이게 되는데 그것으로는 탄산리튬이나 탄산칼륨 등의 용융된 액체가 시험되고 있다.

즉 이 염류들이 용융되어 있는 경우에 전류가 전해지고 또 전기분해가 이루어진다는 것은 그것이 양이온과 음이온의 집합이며 그 이온의 이동에 의해서 전기가 흐른다는 것을 보여 주는 것이다.

이온화합물인 무기염류는 물에 잘 녹고 수용액으로 되었을 경우도 용융염일 때와 같이 전류를 잘 통하며 직류로 전기분해를 일으키는 것이다. 그것은 이 염류들이 물에 녹아서 양이온과 음이온으로 해리되고 있다는 것을 가리키는 것인데 그때의 용매(溶媒)인 물은 구성 원소인 산소와 수소가 공유결합으로서 화합하고 있으나 일부 이온결합의 성격도 가지며 분자에 극성이 있기 때문에 녹는 쪽의 용질(溶質)인 염류의 이온을 끌어당겨서 해리시켜 그 틈 사이에 녹아들어 가는 것이다. 이리하여 물은 염류를 잘 녹이고 나아가서 염류의 수용액은 전기를 잘 전도하게 된다.

용융염의 전기분해는 알루미늄, 나트륨 등 소수의 경금속 제련에 이용되고 있을 뿐이지만 그것은 이들 금속이 수용액의 전기분해로 석출할 수 없으므로 부득이 높은 온도의 용융염 전해를 이용한다. 공업적으로 응용되고 있는 대부분의 전기분해는 수용액을 사용한다.

전기분해의 응용

물의 전기분해라고 하지만 그것은 실은 수산화나트륨용액 등의 전기분해로써 산소와 수소를 발생시키고 있는 것인데 그 밖에 식염수의 전기분해에 의해서 산소와 수산화나트륨 및 수소가스가 제조된다. 금속의 전기분해 제련에서는 구리, 납, 아연, 금, 은, 또 때로는 철도 만들어지는 일이 있으며 매우 광범위한 금속에 응용되고 있다. 그리고 은이나 금 또는 니켈 등의 **전기도금**은 대부분 금속염류 수용액의 전기분해를 응용한 것이다.

전기분해에서는 수용액 중의 이온이 전극의 반대 전하에 끌려서 이동하고 전극에서 중화되어 전하를 상실함으로써 전기적으로 중성인 원소로서 석출하는데, 전기분해와는 반대로 전해액의 용질과 반응함으로써 이온화하여 용해하는 금속을 음극으로, 그리고 녹지 않는 금속이나 탄소막대를

그림 14-2 | 전기분해는 공업적으로도 아주 중요한 반응이다

양극에 사용하면 두 전극을 전선으로 접속했을 때 기전력을 일으켜서 전류
를 발생하는 현상이 나타난다. **전지**는 이런 성질을 응용한 것인데 화학적
으로 전기를 만들어 내는 방법이다.

음·양이온의 검출과 정성분석

그런데 이러한 이온결합으로 형성된 이온화합물에서는 음과 양, 두 이
온의 전기적인 흡인력이 매우 강하기 때문에 각각의 이온이 인력을 이겨내
제멋대로 마구 튀어 나가기는 어려우며, 이를 위해서는 강한 에너지를 공

급해야 한다. 따라서 대부분의 이온화합물 즉 염화나트륨, 산화칼슘, 브롬화은 등의 화합물은 쉽게 기화할 수가 없는 것이다.

그러나 이 이온화합물이 물과 만나게 되면 물은 이온화합물은 아니지만 극성을 갖고 있으므로 그 전기적인 힘에 끌려 이온이 산산이 분해되어 물분자 사이로 분산된다. 즉 매우 잘 녹는 것이다. 그리고 수용액 속에서 각각의 음과 양이온은 독립한 행동을 취할 수가 있게 된다. 따라서 염화칼슘수용액이든 염화나트륨수용액 또는 염화칼륨, 염화리튬 등 어떤 것이든 금속염화물 수용액이라면 그 속의 염화이온은 언제나 같은 행동을 보일 것이므로 지금 이 수용액 속에 질산은 용액을 가하면 어떤 염화물의 염화이온이라도 질산은의 은이온과 결합해서 물에 녹지 않는 염화은이 되어 가라앉는다. 어떤 염류의 수용액에 질산은을 가해 보면 그것이 염화이온을 포함하는지 어떤지는 염화은의 하얀 침전이 생기는가 어떤가로 곧 판단할 수 있다.

이와 비슷한 예는 양이온의 경우에서도 볼 수 있는 현상으로 공통의 양이온을 가지고 있는 염류라면 상대편 음이온의 종류가 무엇이든 가리지 않고 양이온이 갖는 특유한 반응을 보인다. 이를테면 염화칼슘, 브롬화칼슘, 황화칼슘 등 칼슘염의 용액이라면, 어느 것이든 탄산나트륨 용액을 가한 경우에는 탄산칼슘이 생성되는데 탄산칼슘은 물에 녹기 어려우므로 하얀 침전이 생기게 된다.

이러한 성질은 각각의 금속 양이온이나 그것에 대한 음이온이 무엇인가를 알기 위한 정성분석(定性分析)에 응용되고 있으므로 첨가되는 시약의 종류, 침전의 생성조건과 그 색깔 또는 특수한 기체의 발생 등을 조사하여 그 염을 구성하는 양이온, 음이온을 검출함으로써 그 화합물을 결정할 수 있다.

15장

공유결합에 의한 화합물과 그 성질

15. 공유결합에 의한 화합물과 그 성질

2원자, 분자의 공유결합

이온결합이라는 것은 참으로 이해하기 쉽고 화학결합을 생각하면 편리한 것이지만 이온화합물이라는 것은 오히려 특수하며 대부분의 화합물은 공유결합으로 이루어져 있다. 공유결합이라고 하면 곧 탄소 사이의 결합이나 탄소와 수소와의 결합으로서 유기화합물을 생각하지만 유기화합물에만 한하지 않고 무기화합물이라도 금속염류 이외는 공유결합인 것이 많다.

수소분자에 대해서는 이미 말했지만 다른 기체원소에 있어서도 그 분자는 보통 공유결합에 의해서 2원자분자를 형성하고 있는 것이다. 이를테면 할로겐원소의 분자는 모두 2원자분자이며 염소는 7개의 원자가전자를 갖는 염소원자 두 개가 한 쌍의 전자를 공유해서 결합하고 있다. 이 경우 각 원자는 상대편의 한 개의 전자를 합쳐서 원자가전자가 8개인 옥테트의 형태가 되어 안정하게 된다. 그러므로 염소는 언제나 Cl_2로 씌어지는 분자를 갖고 있는 것이 된다.

이와 같이 공유결합의 경우에도 전자쌍을 공유함으로써 안정한 옥테트 즉 영족기체류와 같은 원자가전자가 8개인 형태를 만들어 안정하게 되려는 것이 결합의 동기라고 생각할 수 있다. 그래서 산소의 분자도 2원자분자이므로 두 쌍의 전자쌍 즉 네 개의 전자를 공유하여 결합하고 있을 것이라고 생각할 수 있을 것 같다. 그러나 산소의 경우는 그렇지 않다. 즉 공유결합이기는 하지만 공유하고 있는 전자는 한 쌍뿐인 것이다. 산소의 원자가전자는 6개이므로 각각의 원자에는 전자쌍을 만들지 않는 전자가 한 개 존재하게 되는데 산소는 자성(磁性)을 가진 원소라는 것이 밝혀졌고 따라서 각 원자의 쌍이 아닌 전자는 분자 속에서 비대칭적 위치에 존재하고 있는 것이라고 생각할 수 있다.

그러나 산소와 같은 경우는 예외로서 일반적으로는 안정한 옥테트를 형성하는 상태에서 공유결합이 이루어지고 있다. 이를테면 질소의 경우는 원자가전자가 5개이지만 2원자가분자를 만들 때는 세 쌍의 전자를 공유함으로써 각각 옥테트의 형태가 되어 결합하고 있는 것이다. 즉 **3중결합**의 형태로 이루어져 있다.

원자간의 인력이 약할 때

이와 같은 공유결합은 다른 원소 사이에서도 일어나는데 그것은 쌍방 원자의 전자에 대한 인력의 세기가 다르더라도 한쪽이 원자가전자의 일부를 방출하여 양이온이 되고 다른 쪽이 그것을 받아들여 음이온이 되어 이온결합이 형성될 만큼 한쪽 원자가전자를 끌어당기는 힘이 세지 않을 경우이다. 이를테면 염소와 수소는 쉽게 화합해서 염화수소 HCl이 되는데 이 경우는 이온을 만들 만한 힘이 없기 때문에 둘은 두 개의 전자를 공유하는

그림 15-1 | 한쪽 원자가 전자를 완전히 끌어당길 만큼 인력이 세지 않은 때는 전자를 공유하게 된다

형태로서 결합을 일으키게 된다. 즉 염화수소는 공유결합에 의해서 형성되어 있다는 것이 된다.

산소와 수소의 경우도 서로의 전자에 대한 인력의 차이는 이온을 만들 만큼 크지 않기 때문에 역시 공유결합을 하게 되는데 산소의 원자가전자는 6개이므로 두 개의 수소원자와 각각 전자쌍을 공유함으로써 8개의 옥테트를 형성하는 형태로 결합하는 것이다.

물의 분자의 경우

흥미로운 일은 물의 분자 H_2O에서는 산소원자 쪽의 결합에 관여하는 두 개의 전자궤도가 마치 지구의 적도와 두 극을 통하는 대권(大圈)처럼 서로 직각으로 교차하고 있다. 따라서 산소와 전자쌍을 공유하여 결합한 두 개의 수소 원자는 서로 90°의 각도로 떨어져 존재하게 되는데 실제로는 그 원자핵 사이의 반발력이 영향을 미침으로써 105°의 각도를 이루고 결합하고 있다. 이와 같은 형태를 취하는 결과, 물분자는 비대칭적인 구조로 되어 있는데 이 경우 산소의 원자핵 쪽이 수소의 원자핵보다 양전하가 크기 때문에 공유된 전자도 산소 쪽에 더 크게 받아들여지게 된다. 그 때문에 전체로서는 물분자는 전기적으로 중성인데 그 부분을 생각하면 산소는 음전하를 띠고 수소는 양전하를 띠게 되는 것이다. 즉 물분자는 극성(極性)분자라 불리는 성질을 지니게 된다.

쌍극자가 극성분자

이 물분자처럼 분자 속에서 음과 양 두 전하의 중심이 각각 떨어져 존재해 있는 형태를 쌍극자(雙極子)라고 하는데 쌍극자를 가진 분자를 극성분자(極性分子)라 하며 극성분자는 이 때문에 독특한 성질을 나타내게 된다. 물분자가 여러 가지로 독특한 성질을 지니고 있는 것은 극성이 원인이 되고 있기 때문이며 물의 분자가 결합해서 결정을 만들 때는 음전하를 갖는 산소 쪽 머리와 양전하를 갖는 수소 쪽 귀와의 사이에 전기적 인력이 생겨 결합이 일어나는 것이다. 그래서 이 사이의 각도 관계로 물의 결정 즉 얼음은 눈의 결정에서 볼 수 있듯이 6각판 모양의 결정을 이루게 된다. 또 얼음의 녹는점이나 물의 끓는점은 유사한 화합물인 황화수소에 비해서 두드러지게 높아 황화수소의 녹는점, 끓는점이 각각 -82.9℃와 -61.8℃로 낮은 온도인데 물은 잘 알려진 대로 0℃와 100℃라는 값을 갖는 것은 물분자가 극성 때문에 강한 전기적 인력으로 서로 끌어당기고 있기 때문이다. 그러나 이와 같은 극성분자의 전기적 인력은 이온 화합물의 전기적 인력보다 작다는 것은 말할 나위도 없다.

그런데 물은 염류 등 이온화합물을 잘 용해시키는데 이것도 물분자의 극성 때문이어서 그 두 극이 각각 반대 전하를 띤 이온을 끌어당기는 결과 이온결정의 결합이 끊어져서 각각의 이온은 물분자 사이에 분산되어 녹아들게 되는 것이다.

암모니아와 원자단의 이온

다음에 질소와 수소가 반응하여 암모니아가 생성되는 경우를 생각해 보자. 이 경우도 당연히 공유결합에 의해서 화합이 일어나는데 질소원자의 원자가전자는 5개이므로 세 개의 수소원자와 전자쌍을 공유할 수 있다. 즉

NH_3이라는 분자를 형성하게 된다.

　암모니아의 경우는 질소원자 한 개와 수소원자 세 개가 결합해서 일단 안정된 분자를 만들고 있는데 질소원자에는 아직도 수소원자와의 결합에 쓰이지 않았던 전자쌍 한 벌이 남아 있는 것이다. 이와 같은 암모니아의 분자가 염화수소나 황산 등의 산과 만나게 되면 산의 수소이온이 암모니아에 남아 있는 전자쌍을 공유하여 NH_4^+라는 이온이 되어 염소이온 또는 황산이온과 이온결합을 하게 된다. 이리하여 염화암모늄 또는 황산암모늄이라는 염이 생성되는 것이다.

　그런데 이온이 되는 것은 단독의 원자만이 아니고 위의 암모늄이온과 같이 몇 개의 상당히 복잡한 원자단으로 형성되는 이온도 있다. 황산이온, 질산이온, 탄산이온 또는 더 복잡한 착(錯)이온 등이 바로 그것이다. 그리고 이와 같은 이온에서는 그 속의 원자 간의 결합은 모두 공유결합에 의해서 이루어지고 있다.

탄소원자와 수소원자의 결합

　탄소원자가 수소원자와 결합할 경우 공유결합에 의해서 네 개의 전자쌍이 형성되는 셈인데 탄소 한 개와 수소 네 개의 메탄 CH_4가 생긴다는 것은 이미 말한 대로이다. 그러나 이 경우에 탄소원자 한 개와 수소원자 세 개가 결합한 분자, 즉 CH_3이라는 것은 만들어지지 않는다. 극히 짧은 시

간은 형성되지만 그것은 매우
불안정하며 둘이 금방 결합하
여 C_2H_6이라는 에탄이 된다. 이
때 에탄은 CH_3의 탄소원자의 나
머지 한 개의 전자가 또 하나의
CH_3의 탄소전자와 전자쌍을 만
들고 탄소와 탄소의 공유결합으
로 생성되는 것이다.

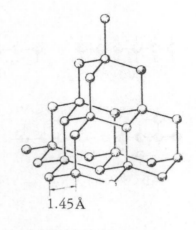

1.45Å

그림 15-2 | 다이아몬드의 결정격자

다이아몬드

이처럼 공유결합은 탄소원자 사이에서도 성립되는데 그렇다면 탄소원
자만으로도 결정성 다이아몬드나 흑연이 생기는 경우는 역시 이와 같은 공
유결합으로써 원자가 많이 결합되어 가는 것일까? 그것은 사실이지만 탄
소의 원자는 가장 바깥쪽 껍질에 네 개의 원자가전자를 가지고 있다. 그리
고 그 각각이 따로따로 다른 한 개의 탄소원자와 전자쌍을 만들면 한 개의
탄소원자는 다른 네 개의 탄소원자와 결합하게 된다. 또 상대편 각각의 탄
소원자도 또 다른 네 개의 탄소원자와 결합한다. 이렇게 탄소원자가 정4면
체적으로 결합하여 결정이 성장하면 다이아몬드가 형성된다.

이와 같은 구조를 갖는 다이아몬드는 결정 내의 모든 부분에 불연속적

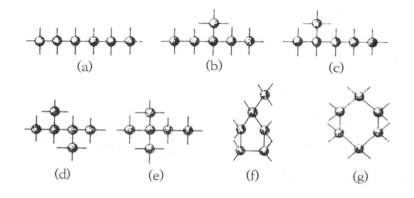

그림 15-3 | 6개의 탄소원자는 여러 가지로 결합한다

인 점이 존재하지 않고 원자 사이의 견고한 결합만으로서 결정이 형성되어 있으므로 몹시 단단한 성질을 나타내고, 또 녹는점이 두드러지게 높아져 있다. 다이아몬드는 모든 물질 중에서 최고의 경도(硬度)를 가지며 유리 자르개, 보석의 연마, 암석의 보링(boring)에 쓰이는 추의 끝 등에 쓰이고 있다. 그 경도는 모스식 경도계로서 10도라는 값으로 나타나는데 두 번째로 단단한 9도의 루비나 사파이어보다 두드러지게 단단하며 그 경도는 무려 9도인 물질의 10배나 된다. 이처럼 단단함의 원인이 탄소원자의 이러한 결합형태에서 생겨난다는 것은 재미있는 일이다.

흑연

그러나 같은 탄소의 단체결정(單體結晶)인 흑연의 경우는 그 성질이 다이아몬드와는 전혀 대조적이다. 흑연은 새까맣고 불투명하며 전기전도성을 가진다. 더구나 고체 중에서는 가장 무른 물질에 가깝다는 것은 매우 흥미롭다. 이 경우는 결정이 6방정계(6方晶系)의 6각판 모양 결정으로 되는데 탄소원자는 벤젠핵처럼 6각형의 고리(環)의 형태가 되어 결합하게 된다. 그런데 각 탄소원자에는 전자쌍을 만들지 않고 남아 있는 전자가 각각 한 개씩이 남아 그것이 원자에서 원자로 릴레이식으로 전기를 나르는 결과 흑연에는 전기전도성이 생기는 것이라고 생각할 수 있다.

또 흑연에서는 미세한 판자 모양의 결정이 층 모양으로 응집해 있는 구조를 가지며 각 층 사이는 분자력 즉 반데르발스의 힘(van der Waals' force)으로 결합해 있다. 그리고 층 사이의 분자력은 약하므로 힘이 가해지면 그 사이가 쉽게 움직이는 결과 흑연의 결정은 연하고 더구나 미끄러지기 쉬운 성질을 보이게 된다. 흑연이 연필심으로 쓰이고 또 감마제(減磨劑)로 이용되는 것은 이 성질을 응용한 것이다.

유기화합물과 탄소원자

탄소원자는 이와 같이 공유결합으로 같은 원자끼리 결합하며 또 다른 원소의 원자, 이를테면 수소, 산소, 질소, 황 등의 원자와도 전자쌍을 공유하여 결합할 수 있다. 또 탄소원자는 이 네 개의 원자가전자를 이용하여 얼마든지 사슬 모양(鎖狀)으로 기다란 선형결합을 취할 수도 있고 한 개에서 가지 모양으로 즉쇄(側鎖)를 뻗는 수도 있다. 또 입체적으로 또 하나의 가지를 뻗을 수도 있다. 게다가 흑연의 결정 경우에서 나타낸 것과 같은 원자가 고리를 만들어 결합할 수도 있다. 따라서 탄소화합물인 유기화합물이 헤아릴 수 없을 만큼 많은 종류의 화합물을 만들어 내는 이유가 이 탄소원자의 결합 양식에 있다고 말할 수 있는 것이다.

고분자화합물의 합성

탄소와 수소의 조합만으로도 얼마든지 많은 종류의 화합물을 만들어 내겠지만 그것은 종류에서뿐만 아니라 엄청나게 큰 분자를 만들 수도 있다는 것이다. 우리는 분자량이 1만 이상인 거대한 분자를 고분자(高分子)라 부르고 있다. 고분자화합물은 셀룰로스라든가 단백질, 그리고 식물이나 동물의 몸을 구성하는 물질로서 생명의 탄생에서 매우 중요한 역할을 하고 있다. 그 고분자화합물은 오늘날 인류에 의하여 합성되어 플라스틱이나 합성 섬유 등으로 우리의 문명 생활을 발전시키는 역할을 하고 있다는 것은 기술혁신 시대에 살고 있는 모두가 강력하게 인식하고 있는 사실일 것이다.

공유결합 화합물의 성질

그런데 공유결합으로써 형성되어 있는 화합물은 이온결합으로 생성된 화합물과는 뚜렷이 다른 성질을 보이게 된다. 우선 공유결합 화합물에는 이온이 존재하지 않기 때문에 전기전도성을 나타내지 않는 것이 보통이고, 석유의 탄화수소류는 모두 전기의 절연체이며 벤젠, 톨루엔, 나프탈렌 등의 방향족 탄화수소도 전기를 통하지 않는다. 물이 전기를 통하는 것처럼 생각하기 쉽지만 그것은 보통의 수도나 우물물에는 조금이나마 염류가 녹아서 이온이 존재해 있기 때문이며 순수한 물은 거의 전기가 통하지 않는다. 다만 아주 약간의 전류만은 통할 수가 있는데 그것은 물이 극성을 가진 분자인 동시에 매우 적은 양의 히드로늄이온(hydronium ion, $[H_3O]^+$)과 수산이온이 발생하고 있기 때문이다. 또 이미 말한 대로 흑연의 결정이 전기전도성을 갖는 것은 탄소원자 간에 전자쌍을 만들지 않고 놀고 있는 여분의 한 개의 원자가전자 때문에 공액 2중결합과 같은 형태가 생기고 그 전자가 차례로 릴레이식으로 전기를 나르기 때문이라고 생각하고 있다.

공유결합 화합물의 녹는점과 끓는점

공유결합으로 형성되어 있는 화합물은 일반적으로 이온결합 화합물에 비해서 녹는점이나 끓는점이 낮다. 이를테면 이온화합물의 대표적인 염화나트륨의 녹는점이 800℃인데 공유결합 화합물인 메탄의 녹는점은 -183℃, 끓는점은 -162℃이고 프로판의 녹는점은 -188℃, 끓는점이 -42℃이다. 이처럼 극단적으로 낮은 것이 매우 많다. 이온화합물의 녹는점이나 끓는점이 높은 것은 음과 양 두 가지 이온의 전기적 인력이 매우 강하기 때문에 두 이온을 분리하여 결합을 끊는 데 큰 에너지가 필요하기 때문이다.

그렇다면 공유결합 화합물에서는 공유결합의 결합력이 약하기 때문에 녹는점이 낮을까? 그렇지는 않다. 공유결합의 결합력이 충분히 강한 것은 다이아몬드를 생각해 봐도 쉽게 알 수 있는 일이다. 그러나 공유결합으로 되어 있는 화합물이 결정을 만들 때는 그 분자가 서로 분자력으로 결합하는 것이며 그 사이에 전기적인 인력이 작용하고 있는 것은 아니다. 그리고 분자력 즉 반데르발스의 힘은 비교적 약한 힘이므로 그것을 분리시키는 데는 별로 큰 에너지를 필요로 하지 않는다. 따라서 그다지 높은 온도를 가하지 않더라도 녹일 수가 있는 것이다.

고분자화합물의 성질

일반적으로 공유결합에 의한 화합물은 녹는점이나 끓는점이 낮다는 것이 되지만 그것도 저분자화합물의 경우에 말할 수 있는 것이지 고분자화합물에는 적용되지 않는다. 왜냐하면 반데르발스의 힘은 분자가 작은 동안에는 약하지만 분자가 커짐에 따라서 강해지기 때문이다. 그러므로 분자량이 수십만이나 되는 고분자화합물의 경우는 그 결정을 만들기 위한 분자 간의 인력이 지극히 큰 것이 되어 녹는점도 무척이나 높아진다. 그리고 때로는 그 힘 쪽이 분자를 이루고 있는 원자 간의 공유결합의 힘보다 커져서 무리하게 열을 가하여 용융하려고 한다면 그 분자 쪽이 분해해 버리는 현상이 일어난다. 셀룰로스라든가 양모의 섬유단백질 등을 가열했다고 한다면 섬유는 녹지 않고 분해되든가 공기 속이라면 불이 붙어서 타버리는 것이다.

대부분의 고분자화합물에서는 그 분자의 형태가 복잡해서 저분자화합물과 같이 공 모양이라고 가정한 취급은 불가능하다. 그것은 기다란 사슬 모양이기도 하고 측쇄가 몇 개나 뻗어 있기도 해서 그것이 고체가 될 때는 반데르발스의 힘이 크다는 것 외에 분자가 서로 얽혀서 간단히 분리되기 어렵게 되어 있다. 그러므로 고분자화합물이 높은 온도가 되었을 때는 마치 폴리에틸렌이나 나일론 등과 같은 열가소성(熱可塑性) 물질에서 볼 수 있듯이 점점 부드러워지고 이윽고 점도(粘度)가 낮아져서 액체가 되는 현상을 볼 수 있고, 또 그것이 응고할 때는 차츰 굳어져 가는 형태를 취한다. 즉 일정한 녹는점이라는 것을 갖지 않는 것이다.

또 고분자화합물은 용제에 녹기 어려우나 녹을 때는 그 내부에 용제가 스며들어 차츰 팽윤(膨潤)하고 이윽고 용제와 섞인 모습으로 용액이 형성된다. 그리고 그 사이에는 이온 화합물 등의 용해에서와 같이 용해도(溶解度)라는 것이 존재하지 않는데 이러한 현상도 고분자화합물의 복잡한 분자가 얽힌 틈새에 용제가 끼어들어 차츰 그 결합을 느슨하게 해가는 것으로 해석되고 있다.

기체화합물의 성질

고분자화합물을 별도로 치고, 공유결합으로 형성된 저분자화합물이라면 기화(氣化)하여 증기가 되었을 경우 그 입자의 하나하나가 분자식에 나타나 있는 대로의 분자가 되어 있다. 메탄가스는 항상 CH_4이고 수증기는 H_2O, 메탄올은 CH_3OH라는 분자로 되어 있는데 이온화합물은 그렇지 않다. 염화나트륨은 $NaCl$이라는 화학식으로서 나타내지고는 있으나 실제로 그렇게만 되는 것은 아니며 그 증기에는 $NaCl$이 있는가 하면 Na_2Cl_2도 있고 또 Na_3Cl_3이라는 입자도 포함되어 있는 것이다.

액체화합물의 성질

공유결합으로 되어 있는 화합물이 전기의 불량도체인 것은 이미 이야기했다. 그것은 액체의 경우에도 마찬가지여서 용융에 의하여 만들어진 액체든 용액이든 어느 것이나 전기가 통하지 않는다. 그러나 이온화합물은 고체일 때는 전기를 통하지 않아도 용융되었거나, 용액이 되었을 때는 반드시 전류가 통하게 된다. 즉 액체가 된 공유결합 화합물이 전기의 불량도체인 것은 그 속에 전하를 가진 이온이 하나도 존재하지 않는다는 것을 가리키는 것이다. 설탕처럼 설사 물에 녹은 경우라도 공유결합 화합물의 수용액은 전류를 통하지 않으며 만약에 전류가 흘렀다고 한다면 그것은 암모

그림 15-4 | 이온결합과 공유결합의 쌍방을 갖춘 화합물이 많다

니아의 경우처럼 그 물질이 물과 반응해서 이온을 발생했다는 것을 뜻하는
것이다. 더욱이 공유결합 화합물은 물에 녹지 않던가 녹더라도 그다지 잘
녹지 않는 것이 많다. 벤젠, 석유계 탄화수소류 등이 그러한데 한편 공유결
합 화합물이라면 잘 녹이는 벤젠, 에틸에터, 알코올 등의 유기용제(有機溶
劑)는 금속염류 등의 이온화합물은 잘 녹이지 않는다.

공존하는 이온결합과 공유결합

이상 제14장에서는 이온결합에 의해서 형성되는 화합물만을 논했고 또 제15장에서는 공유결합만으로 형성되는 화합물만 다루었는데 많은 화합물 중에는 이 두 가지를 함께 갖추고 있는 것이 많다.

이를테면 수산화칼륨(KOH)은 칼륨의 양이온과 수산음이온이 이온결합으로 결합된 화합물인데 수산이온의 산소와 수소와는 공유결합으로 결합되어 있다. 그 밖에 탄산나트륨(Na_2CO_3), 황산칼슘($CaSO_4$), 질산은($AgNO_3$) 등도 모두 마찬가지이며 탄산기나 황산기, 질산기 등이 모두 공유결합으로 되어 있다는 것은 이미 말한 대로다.

수소결합

화학결합에는 이 밖에도 수소결합이라 불리는 결합방식이 존재하며 그것은 생체 내의 여러 가지 현상에 중요한 역할을 하고 있다는 것이 밝혀졌다. 이를테면 뒤에 나오는 핵산 DNA 기능의 경우 등인데 수소결합이라는 것은 질소, 할로겐 등 전기음성도(電氣陰性度), 즉 전자를 끌어당기는 힘이 큰 원자가 그것과 결합하고 있는 수소원자의 영향으로 같은 분자 속 또는 접근한 다른 분자의 전기음성도가 큰 원자와의 사이에 약한 정전인력(靜電引力)을 발생하여 결합하는 경우이다.

이를테면 물은 수소결합에 의해서 분자 사이에 인력이 작용하고 있기 때문에 분자구조가 간단한데도 높은 끓는점을 가지며 증발열이 크다.

수소결합은 N—H 결합이나 O—H 결합보다 훨씬 약하지만 물분자가 양털이나 무명 등의 섬유분자와 단단히 결합하거나 하는 데는 충분한 힘을 가졌으며 또 단백질이나 앞에서 말한 DNA의 결합에는 지극히 중요한 의의를 지니게 된다.

16장

금속원소와 금속결합

16. 금속원소와 금속결합

금속의 이용을 가능하게 하는 것

구리, 철, 금, 은 또는 칼륨, 나트륨 등 모든 금속원소는 비금속원소와 뚜렷하게 구별될 수 있는 특징을 갖추고 있다. 수은을 제외하고는 모든 금속원소가 상온에서 고체이다. 그 표면은 모두 금속광택이 있으며, 전기의 양도체이다. 또 열을 잘 전하고 연성(延性), 전성(展性)을 가지고 있어서 파괴하지 않고서도 변형이나 가공을 할 수 있다. 화학적 성질을 생각하면 금속은 금속끼리의 화합물은 만들기 어려우나 비금속원소와는 잘 결합하며 또 양이온이 되기 쉽다.

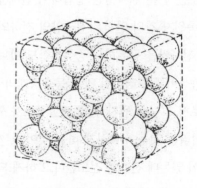

그림 16-1 | 구리의 결정격자 모형도

이와 같은 금속이 갖는 성질은 우리 일상생활의 연장을 만들거나 공업상의 여러 가지 기술에 응용하여 중요한 역할을 하게 하는 데서 매우 중요한 역할을 하는데, 이와 같은 독특한 성질이 모두 금속결합이라는 원자 사이의 결합양식에서 생겨나는 것이라고 할 수 있다.

금속원소는 그 가장 바깥쪽 껍질에 한 개나 두 개 또는 세 개의 원자가 전자를 갖는데 그 전자는 원자핵에 의해서 그다지 센 힘으로 끌어당기고 있지 않기 때문에 쉽게 튀어 나가 양이온을 생성하며 그것이 금속이 비금속원소의 음이온과 서로 끌어당겨서 이온화합물을 만들기 쉬운 이유가 되고 있다.

자유전자의 존재

어쨌든 금속원소는 같은 원자들만 집합하여 단체(單體)의 결정을 만드는데 이 경우의 금속원자 간의 인력은 음·양의 전하의 흡인력일 수는 없다. 그렇다고 해서 전자쌍을 공유하는 공유결합도 아니다. 단체금속의 결정의 대부분은 방향성이 두드러지지 않은 등축정계의 정6면체 격자를 형성하고 있는 것으로서 그것은 원자 간의 결합장소가 원자의 특정 부분에 한정되는 것이 아니라는 것을 추측하게 하는 것이다. 게다가 금속은 전기를 잘 전하는 성질이 있는데 전기를 전도한다고 하게 되면 결정 속에는 별반 이동할 수 있는 이온이 존재하지 않을 것이기 때문에 전자가 움직일 수 있는 사정이 있어야 할 것이다.

거기서 금속원자가 서로 결합해서 결정을 형성하는 경우에는 금속원자가 규칙적으로 정렬해 있는 사이를 자유로이 움직일 수 있는 전자가 존재하기 때문이라는 추정이 성립된다. 이와 같은 전자를 자유전자라고 부르는데 이런 종류의 자유전자가 또 금속원자 간의 결합을 관장하고 있다고 생각할 수 있는 것이다.

금속결합의 메커니즘

그런데 이 움직일 수 있는 전자는 그 금속원자의 가장 바깥쪽 껍질에 있는 전자가 떨어져 나가서 생기는 것이므로 각각의 금속원자는 전자가 튀어 나감으로써 양이온이 될 것이다. 그래서 금속결정은 금속의 양이온이 규칙적으로 배열하여 격자를 만들고 그 사이에 자유전자가 각 이온에 공유된 형태로 존재하고 있다는 것이 될 것이다. 그 전자는 각 이온의 양전하와 서로 끌어당기고 있으므로 결국 이 전자가 중매역할을 하여 각 양이온을 결합시키고 있는 것이다. 즉 자유전자의 **전자구름**이 유동성을 갖는 풀과 같은 작용을 하여 각 금속이온을 결합해서 결정을 만들게 하고 있다고 생각하면 된다.

즉 이것이 금속결합의 본질인데 일종의 이온결합이기도 하며 공유결합이기도 하다고 표현할 수 있을 만한 결합방식인 것이다.

금속원자가 이와 같은 형태로 결합해서 결정을 만든다고 하게 되면 그것에서부터 금속이 갖는 여러 가지 특성에 대한 설명이 가능해질 것이다.

열과 전기의 전도

먼저 금속의 가장 큰 특징인 전기전도성의 존재는 결정격자 사이의 자유전자가 결정에 가해진 전위차에 의하여 이동하기 때문이라는 것이다. 거기서 한 가닥의 철사 양 끝에 전지의 양극과 음극을 접속하면 전류가 발생하는 것이다.

금속은 또 비금속물질에 비해서 두드러지게 열전도성이 좋다. 금속막대의 한끝을 불 속에 집어넣으면 열은 금방 손에 쥔 다른 끝으로 전해진다. 이와 같은 금속의 높은 열전도도 자유전자의 존재에 의해서 설명할 수 있다. 이 경우 결정격자 사이에 존재하는 자유전자는 전자가스라고 형용될 만한 상태에 있는데 열에 의해서 그 전자가스가 심한 운동, 즉 열운동을 일으키는 결과 그 운동이 차츰 온도가 낮은 부분으로 확산되어 가서 그것은 다른 물질의 경우에 결정의 분자운동이 차례차례로 파급돼 가는 것보다도 두드러지게 신속하여 거기에 금속의 높은 열전도도가 생겨나는 것이라고 해석할 수 있다.

금속의 연성, 전성

금속이 공업재료로서 또는 일상의 연장으로서 편리하고 쓸모 있는 것으로서 귀중하게 여겨지는 것은 금속의 독특한 성질인 연성(延性)과 전성(展性) 때문이기도 하다. 금속은 이 성질 때문에 쉽게 자유로운 형태로 성형할 수 있고 또 이 때문에 강인해서 충격에 의해 파손되지 않는다. 만약 그것이 비금속재료라면 경도는 높아도 물러서 파손되기 쉬운 것이 많고 또 일단 성형이 되고 나면 이제는 형태를 바꿀 수 없는 경우가 많다.

금속 특유의 성질인 연성과 전성은 이것 또한 금속결합이라는 결합방식이 그 원인이라고 할 수 있다. 그것은 자유전자가 원자 전체에 의하여 공

그림 16-2 | 금속결합의 원인이 되고 있는 자유전자는 유동성을 가진 접착제와 같은 것이다

유되고 더구나 그것이 쉽게 이동하기 때문에 원자는 어느 부분에 있어서도 결합작용을 나타낼 수가 있고, 원자의 특정 부분에 의해서 고정되는 일이 없다. 그래서 금속결정에는 방향성이 없는 경우가 많은데 금속에서는 그 결합을 지배하고 있는 전자가 원자 사이를 자유로이 이동할 수 있다는 특징을 지니고 있다. 따라서 만약 금속 결정의 결정격자에 강한 외부의 힘이 작용했을 경우 원자 간의 결합이 간단히 끊어져서 파괴되지 않은 채 결정에 변형을 일으키게 할 수 있는 것이다. 즉 금속결합의 원인으로 되어 있는 자유전자는 마치 유동성을 가진 접착제이기나 하듯이 원자의 배열 위치를 쳐지게 하더라도 그대로 결합은 유지할 수 있는 셈이다. 또 금속재료에 응력을 가해서 인고트(ingot)로부터 얇은 판을 만들거나 철사를 뽑아내거나 복잡한 세공물까지 만들어낼 수가 있다. 그와 같은 작용이 금속결합이라는 메커니즘에서 생긴다고 말할 수 있다. 금속재료를 이와 같은 방법으로 가공하고 성형할 경우 높은 온도로 가열해야 하는 것이 보통인데 가열하면 그것은 녹는점보다 훨씬 낮은 온도라 할지라도 열운동에 의해서 원자 사이의 간격이 벌어져 상호 간의 위치를 쉽게 변화할 수 있기 때문이다. 강괴(鋼塊)의 분괴 압연작업(分塊 壓延作業), 철공소에서의 단조(鍛造) 등이 그것의 응용이라고 할 수 있을 것이다.

테일러의 전위이론

실제로 금속의 응력에 의한 변형현상은 실은 금속결합만으로 설명할 수 있는 것은 아니다. 금속결합의 세기로부터 계산되는 금속재료의 경도는 훨씬 크고 그 탄성한계도 실제는 금속이 가리키는 값의 수백 배나 될 것이므로 금속결합만이 금속이 갖는 연성과 전성의 원인이라고 한다면 대부분의 금속재료는 훨씬 가공하기 어려운 물질이어야 할 것이다. 그러나 현실의 금속재료는 대단히 가공하기 쉽고 그중에는 무척이나 연한 금속도 있는 것이므로 그와 같은 금속의 두드러진 연성과 전성은 좀 더 다른 원인에서 생기는 것이 아닌가 생각된다. 이와 같은 모순을 설명하는 데는 영국의 테일러(Sir Geoffrey Ingram Taylor, 1886~1975)가 생각해낸 전위이론(轉位理論)이라는 것이 유력한 역할을 하게 되었다.

물질이 결정을 만들 경우에 그 단위 입자는 정연하고 규칙적인 배열을 해서 결정격자를 형성하지만 실제로는 그 결정격자에 여러 가지 결함이 있는 경우가 많다. 이와 같은 격자의 결함이 또 실제의 물질의 성질에 큰 영향을 미치는 것이라고 생각된다. 그것은 열전도도나 전기전도도 등에도 영향을 미치겠지만 특히 그 재료의 강도와 밀접한 관계를 갖는 것은 당연할 것이다. 그리고 금속의 결정도 역시 이와 같은 내부의 미세구조인 격자결함으로 재료로서의 성질이 영향을 받고 있는 것이다.

결정격자의 결함

테일러가 생각해 낸 전위라는 것은 역시 일종의 격자결함이어서 영어로는 디슬로케이션(dislocation)이라고 하는데 관절의 탈구(脫臼)를 뜻하는 것이다. 즉 결정격자의 어떤 부분이 삐었다고 해석하면 될 것이다. 그것은 결정격자의 원자 배열에 일종의 주름과 같은 것이 생겼다고도 비유되고 있다. 그리고 이와 같은 전위 부분은 결정격자가 미끄러지기 쉽고 응력이 작용한 경우에 이 부분에서 격자가 쳐지게 된다. 금속의 단결정 속에는 이와 같은 전위가 무수히 존재하고 있으며 그것은 대체로 수 마이크로미터(micromete, 약자 μm, 1μm=10^{-6}m) 간격으로 분포해 있다고 생각하고 있다. 그래서 금속이 보이는 연성과 전성은 실은 단순한 원자 간의 금속결합이 미끄러진 것이라기보다는 오히려 전위 부분에서의 격자 간의 미끄러짐이 주라고 하게 되었다.

철재(鐵材)에서는 우리가 예로부터 경험해 온 사실이지만 금속은 가열이라든가 냉각 또는 기계적 처리의 방법 등으로 그 강도나 경도에 큰 변화를 일으키는 경우가 있다. 그것은 담금질이나 불에 달구었다가 식히는 대장질로 전해 오는데 금속 가공상 중요한 역할을 하고 있으며 그것도 결정 내부의 전위 부분을 감소시키거나 증가시키는 것을 의미한다고 생각할 수 있다.

또 금속은 순수한 금속보다도 다소의 불순물이 있는 편이 경도나 탄성을 증대하거나 강도가 커지거나 하는 경우가 많다. 이를테면 강철인 경우

탄소가 그러한데 탄소분이 적은 연철(鍊鐵)은 연해서 날이 있는 연장을 만들 수 없고 보통의 각종 철재로서는 부적당하다. 그러나 그중에 1% 전후의 탄소가 들어가면 철은 경도도 탄성도 또 강도도 두드러지게 증대해서 칼이나 레일이나 기계류를 만드는 데 적당한 강철이 된다. 그리고 그와 같은 현상이 일어나는 이유 또한 전위에 귀착된다. 즉 철 속에 탄소를 가하면 탄소는 전위 부분에 끼어들어 여기에 탄화철을 형성하면서 전위에 쐐기를 박듯이 그것이 미끄러지는 것을 막는 것이라고 생각할 수 있다. 이렇게 전위 부분이 고정되기 때문에 철의 결정격자가 갖는 본래의 강도나 경도가 나타나는 것이다.

합금의 의미

두 종류 이상의 금속이 혼합한 경우에 만들어진 혼합물은 본래의 각각의 금속 성질과는 상당히 다른 성질을 나타낸다. 이 성질이 여러 가지로 쓸모 있는 금속재료를 만드는 데 이용되어 이른바 합금으로서 공업상 대단히 중요한 역할을 하고 있다. 합금에서의 성질의 변화도 역시 전위와 결부해서 생각할 수 있을 것이다. 이를테면 구리와 주석의 합금인 청동은 순수한 구리보다 단단하므로 예로부터 흔히 금속재료로서 항아리나 냄비 또는 칼, 조각 등으로 사용되어 왔다. 이 경우 청동이 그 성분인 구리나 주석보다도 단단하다는 것은 그 속의 결정배열이 단독으로 있는 금속의 경우처럼 완전하지 못하고 그 때문에 결정의 전위에서의 미끄러짐이 방해되기 때문이라고 생각하고 있다. 또 여러 가지 기구에 쓰이는 구리와 아연의 합금인 황동의 경우도 이와 같은 메커니즘을 생각할 수 있는 것이다.

그러나 합금이 만들어질 경우 그 금속의 성질에 변화가 생기는 것은 경도, 탄성, 강도라는 기계적 성질만이 아니다. 녹는점, 전기전도도, 열전도도 또는 색채까지도 다른 금속재료를 얻을 수 있으며, 사실 그것은 우리가 일상생활의 많은 부분은 물론이고 공업상의 용도로도 이용하고 있다. 금속을 혼합하여 합금이 만들어질 경우 그것은 단순한 기계적인 혼합이 아니고 여기에는 훨씬 복잡한 요소가 존재하고 있는 것을 상상할 수 있다.

합금이라 불리는 것은 금속만의 혼합물에만 한하지 않고 강철의 탄소를 비롯하여 각종 비금속이 섞여 있는 경우에도 결과적으로 얻어진 재료가 금속의 성질을 갖추고 있는 한 그것은 역시 합금이라는 명칭으로 불리고 있다. 즉 강철은 철과 탄소의 합금인 것이다.

그런데 서로 다른 종류의 금속이 혼합하여 합금을 만들 경우, 생성된 새로운 합금은 역시 금속이며 더구나 상온에서는 굳어져서 고체의 결정으로 되어 있다. 그렇다고 하면 일단은 합금 속의 다른 종류의 금속원자도 서로 금속결합으로 자유전자를 공유하여 결정격자를 만들고 있다고 생각할 수 있을 것이다. 사실 그와 같은 구조를 가진 합금도 있으며 금과 구리, 금과 은 등은 쌍방의 원자가 마찬가지로 적당히 결정격자를 구성해서 결정을 만들고 있다. 이와 같은 경우는 쌍방의 원자의 크기가 그다지 다르지 않으므로 같은 정도의 강도로서 자유전자가 각 원자를 끌어당기는 결과 그와 같이 되는 것이다. 만약 합금의 성분금속의 원자 크기나 성질에 큰 차이가 있다고 하면 금속결합의 근원이 되는 자유전자는 원자에 따라서 흡인력이 달라지기 때문에 그 행동은 그다지 자유롭지는 않다.

합금의 타이프

더구나 그와 같은 경향이 강해지면 원자와 원자 사이에 이온결합의 요소도 나타나게 되는데 그렇게 되면 전자의 이동은 점점 더 자유도를 잃게 되고 합금의 재료로서의 성질에도 그 특색이 나타나게 될 것이다. 금속원자의 결합도 합금이 되면 금속결합, 공유결합, 이온결합이 공존해 있는 형태가 생기게 된다. 따라서 합금을 그 구조면에서 고용체(固溶體; solid solution)라거나 금속 간 화합물로 구별해서 다루게 된다. 앞에서 말한 금과 은의 합금처럼 성분 금속이 어떤 비율로든지 자유로이 합금을 만들고, 그 결정격자에는 쌍방의 원자가 동등한 입장에서 사이좋게 끼어들어 배열되는 경우를 고용체라 부른다. 그것은 두 금속 사이에서도 단체의 금속결정과 같이 금속결합만으로써 결합이 이루어지고 있다는 것이, 다른 결합요소가 강해지고 자유로운 비율로 합금을 형성할 수 없는 종류의 합금은 이를테면 주석과 마그네슘의 합금이라면 $SnMg_2$라는 식의 화합물을 만들고 있는 것으로 보이듯이 금속 간 화합물 타이프의 합금이 되는 것이다.

따라서 합금이 된 결과 전기전도도나 열전도도가 본래의 성분금속보다 두드러지게 낮아진 것이 만들어지며 니크롬처럼 전기저항을 크게 한 전열선용 합금이라는 것도 만들어지게 된다. 아니면 내산합금(耐酸合金)과 같이 화학적인 내식성(耐蝕性)을 가진 합금이라든가 황동과 같이 금색을 나타내는 합금이라든가 또 퓨즈처럼 저융점합금(低融點合金)이라든가 여러 가지 성질을 지닌 합금이 태어나게 된다.

금속결합이라는 화합결합의 형태가 원인이라고 여겨지는 금속의 특성에는 이상과 같은 여러 가지 성질 외에도 더욱 많은 것을 생각할 수 있을 것이다. 이를테면 금속은 모두 불투명해서 빛을 통하지 않는데 그것도 또 자유전자의 전자가스가 전자기파를 흡수하기 때문일 것이고 금속 특유의 반짝임, 즉 금속광택도 자유전자와 광파의 상호작용으로 반사를 일으키는 것이라고 생각해도 될 것이다. 금속원소가 갖는 한 개, 두 개 또는 세 개의 가장 바깥쪽 껍질의 원자가전자가 이와 같이 여러 가지 복잡한 금속의 성질을 낳는다는 것은 참으로 흥미로운 일이 아닐 수 없다.

자성의 원인은 무엇인가?

그런데 금속원소 중에는 철, 코발트, 니켈 등과 같이 자성(磁性)을 가진 것이 있다. 또 이 합금 중에 특히 강한 자성을 나타내는 것이 만들어져서 전기기술상 중요한 역할을 하고 있는데 이와 같은 자성도 역시 금속원자가 갖는 전자의 작용이라고 생각할 수 있을 것 같다. 다만 자성의 원인이 되는 전자의 작용은 특히 금속결합의 자유전자가 아니고 오히려 내부의 껍질에 있는 전자의 운동이 그 원인인 것이다.

원소의 주기율표를 보면 철, 코발트, 니켈은 원자번호가 각각 26, 27, 28로 서로 이웃한 원소이다. 그런데도 불구하고 성질이 흡사한 금속인데 그것은 원자번호는 달라도 가장 바깥쪽 껍질의 원자가전자의 수가 같으므로 같은 성질을 지니는 결과가 되어 있다. 이와 같은 원소를 **전이원소**(transition element)라고 하는데 이와 같은 사정이 일어나는 것은 전이원소에서는 원자번호가 증가할 경우 전자껍질이 차례차례로 내부로부터 만원이 되어 가는 것이 아니라 먼저 바깥쪽 껍질에 전자가 들어간 다음에 내부의 껍질에 전자의 증가가 일어나는 현상을 보이기 때문이다.

이러한 전이원소에는 강자성을 갖는 금속이 많은데 이와 같은 자성은 원자 내의 어떤 껍질의 전자가 모두 같은 방향으로 자전을 하고 있는 원인 때문이라고 생각하고 있다. 자력은 코일 속을 전류가 흐름으로써 생기는데 전자는 음전하를 갖는 입자이므로 그것이 회전을 하면 당연히 거기에 자기장이 생기게 될 것이다. 그러나 대부분의 원소에서는 그 전자의 자전 방향이 구구해서 그 자기장을 상쇄하고 있는 결과, 자성을 나타내지 않으나 특히 어떤 방향의 스핀전자만 많아진다면 거기에 자성이 생긴다는 것이다. 이를테면 철에서는 원자의 내부로부터 네 번째의 N껍질이라 불리는 전자껍질 속에서 일정 방향의 스핀을 갖는 전자의 수가 반대 방향의 스핀전자보다 많기 때문에 철의 자성이 생긴다는 이치가 된다.

17장

핵화학

17. 핵화학

방사능

1896년에 프랑스의 베크렐(Antoine Henri Becquerel, 1852~1908)은 우라
늄광 속에서 X선과 비슷한 육안으로는 보이지 않으나 물체를 통과하여 사
진건판을 감광케 하는 광선과 같은 것이 방사되고 있는 것을 발견했다. 그
리고 이것에다 「베크렐선」이라는 이름을 붙였는데 퀴리 부부는 우라늄에
서 나오는 베크렐선의 정체를 추궁하고 있다가 우라늄보다도 훨씬 강한 그
런 종류의 방사선을 내는 라듐을 발견했다. 그렇게 이와 같은 방사선을 내
는 성질을 가리켜 방사능(radioactivity)이라 명명했다. 그때 이 밖에도 토륨
(Th)과 폴로늄(Po)의 두 방사성원소가 발견되었다.

러더퍼드는 라듐으로부터 방사되는 방사선의 성질을 연구하여 그것이
알파(α), 베타(β), 감마(γ)의 세 종류의 방사선을 포함한다는 것을 밝혔
다. α선은 자기장에서 휘어지고 양전하를 갖는다는 것을 가리키며, β선도
반대로 강하게 휘어져서 음전하를 갖는 전자의 행동을 보여 주었다. 그러
나 γ선은 자기장에서 휘어지는 일이 없는 전자기파였던 것이다. 이 방사선
을 낸 뒤 라듐원자는 붕괴하여 다른 원자 라돈(Ra)으로 변환했는데 방사능
이란 불안정한 원소가 갖는 이와 같은 성질이며 여기에 화학반응과는 별도
로 원자핵의 변화가 일어나는 핵반응(核反應)이라는 현상이 존재한다는 것

이 밝혀졌다. 그리고 방사능은 우라늄, 라듐, 토륨 등의 특수하고 불안정한 원소에만 국한되지 않고 안정하다고 보이는 원소라도 그중의 특별한 동위원소에는 방사능을 갖는 것이 존재한다.

이를테면 수소로서, 수소는 보통의 수소 외에 중수소(deuterium)와 3중수소(tritium)라는 동위원소를 갖는데 이 중의 트리튬은 방사능을 가지고 있다. 이런 방사능을 갖는 동위원소는 방사성동위원소(radioisotope)라 불리며 오늘날 의학이나 산업에 중요한 역할을 하게 되었다. 그들의 대부분은 인공적인 핵반응으로 만들어진 라디오아이소토프이며 원자로 내에서의 우라늄원자의 핵분열로 만들어지거나 중성자조사(中性子照射)에 의한 원소의 인공변환의 결과로 생성된 불안정한 원자핵을 갖는 동위원소이다.

반감기

방사성원소의 원자핵은 양성자와 중성자의 수의 밸런스가 불안정하기 때문에 방사능을 보이며 몇 번의 붕괴를 거듭해서 안정한 원자핵을 갖는 원자로 바뀌어 간다.

방사성동위원소가 지니는 중요한 성질의 하나는 그 방사능 변환을 하는 시간이며 어떤 수의 원자핵이 절반의 수로까지 감소하는 시간을 반감기(half life)라고 부른다. 이를테면 방사성황인 황 35의 경우를 생각하면 10만 개의 원자가 있다면 87.1일이 지났을 때 그 수는 꼭 5만 개로 된다. 거기서

그림 17-1 | 황 35의 경우 10만 개의 원자가 있었다면 87.1일이 지나면 5만 개가 된다

황 35는 87.1일의 반감기를 가졌다고 하게 된다. 그리고 방사성동위원소가 화합물을 만들고 있었다고 하더라도 마찬가지이고, 황 35로 만들어진 황화나트륨(NaS^{35}) 또는 황산($H_2S^{35}O_2$)이어도 마찬가지여서 87.1일의 반감기가 지난 후에는 그 분자의 수는 절반으로 되는 것이다.

방사선원소의 반감기는 그 원소의 종류에 따라서 두드러진 차이가 있으며 보통의 우라늄 238($_{92}U^{238}$)에서는 45억 년, 라듐($_{88}Ra^{226}$)에서는 1622년, 또 핵의 종류에 따라서는 수 시간, 수 분이라는 짧은 것도 있다. 이와 같은 반감기의 길이는 엄밀하게 정해져 있으므로 그것은 지학(地學)이나 고고학(考古學)에 사용되는 핵화학적 연대측정 등에 이용되어 중요한 역할을 하게 된다.

동위원소	방사선	반감기
탄소 · 14	베타	5700년
칼륨 · 40	베타	13억 년
루비듐 · 84	베타	4.7×10^{10}년
인듐 · 115	베타	6.9×10^{14}년
란탄 · 138	베타	1.1×10^{11}년
레늄 · 187	베타	4×10^{12}년
라듐 · 226	알파	1617년
토륨 · 232	알파	1.4×10^{10}년
토륨 · 230	알파	8만 년
프로트악티늄 · 231	알파	3만 4천 년
우라늄 · 235	알파	7.1억 년
우라늄 · 238	알파	45억 년

표 17-2 | 천연의 방사성동위원소

방사선

방사성원소에 의하여 방사되는 방사선은 이미 말한 대로 알파선, 베타선 및 감마선인데 이 중에서 α와 β는 입자이나, 원자 한 개의 경우를 제외하고는 연속적으로 나오기 때문에 선(線)이라는 표현이 쓰이고 있다.

알파방사 원자번호(Z)가 83보다 큰 핵의 대부분은 알파 입자를 방사하여 자연적으로 붕괴하는 성질을 가지고 있다. 알파입자는 양성자 두 개와 중성자 두 개로 된 헬륨의 원자핵이고 그 기호는 $2He^4$로 나타낸다. 그래서 어떤 방사성의 핵이 알파입자를 방사하면 원자번호는 2만큼 줄어들고 질량수는 4만큼 감소하게 된다. 따라서 우라늄 238의 경우라면

$$_{92}U^{238} \rightarrow {}_{90}Th^{234} + {}_2He^4 \quad 즉$$
$$_{92}U^{238} \rightarrow {}_{90}Th^{234} + \alpha$$

라는 붕괴를 하는 셈이다.

알파입자는 강한 에너지를 가졌으나 2가(價)의 양전하를 가지고 있으므로 투과력은 있어도 다른 물질에 의해 쉽게 흡수되고 종이 한 장으로 차단할 수도 있다.

베타방사 베타선은 전자의 흐름이며 그 전자는 원자핵 속의 중성자로부터 방출되는 것이다. 음의 전기단위이므로 그것을 상실한 중성자는 반대인 양전하를 가지게 되어 양성자로 바뀐다. 원자핵 속에서 양성자가 한 개 증가하면 원자번호가 하나 위인 원소로 바뀌었다는 것을 뜻한다. 이를테면 원자번호가 90인 방사성 토륨 234는 베타붕괴로 91번의 프로토악티늄 (Pa) 234로 변환한다.

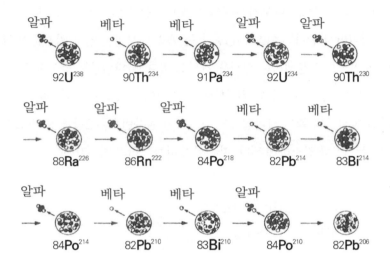

알파 　 베타 　 베타 　 알파 　 알파
$_{92}U^{238}$ 　 $_{90}Th^{234}$ 　 $_{91}Pa^{234}$ 　 $_{92}U^{234}$ 　 $_{90}Th^{230}$

알파 　 알파 　 알파 　 베타 　 베타
$_{88}Ra^{226}$ 　 $_{86}Rn^{222}$ 　 $_{84}Po^{218}$ 　 $_{82}Pb^{214}$ 　 $_{83}Bi^{214}$

알파 　 베타 　 베타 　 알파
$_{84}Po^{214}$ 　 $_{82}Pb^{210}$ 　 $_{83}Bi^{210}$ 　 $_{84}Po^{210}$ 　 $_{82}Pb^{206}$

그림 17-3 | 우라늄 238로부터 납 206이 형성되기까지

$$_{0}n'(중성자) \rightarrow {}_{1}H^{1}(양성자) + \beta^{-}(전자)$$

$$_{90}Th^{234} \rightarrow {}_{91}Pa^{234} + \beta^{-}$$

음전하를 가진 베타선은 광범한 에너지를 갖고 있는데 투과력은 그리 세지 않으며 두께 1㎝의 알루미늄판으로 완전히 흡수시킬 수가 있다.

그러나 베타붕괴를 하는 원자 중에는 양성자를 방사하는 것도 있으며 그것은 핵 안의 양성자가 양전자를 방출해서 중성자로 바뀜으로써 일어난다. 이 경우에 생성한 원자는 양성자가 한 개 줄어든 셈이므로 원자번호가 하나 아래의 원소로 되었다는 것이 된다. 이를테면 원자번호 11인 나트륨

22는 양전자를 방출하여 원자번호 10인 네온 22로 바뀌는 것이다.

$$P^+(양성자) \rightarrow {}_1n^0 + \beta^+$$
$${}_{11}Na^{22} \rightarrow {}_{10}Ne^{22} + \beta^+$$

이지만 베타붕괴에는 또 하나의 종류가 있어서 그것은 결과적으로는 양전자방사와 같은 일이 되는데 그것은 궤도상의 전자 한 개가 핵 안의 양성자에 거두어 들여져서 양성자를 중성자로 변환하는 경우이다. 이런 경우 그것을 전자포획(電子捕獲)이라 한다. 이를테면 산소 15는 전자포획으로 질소 15가 된다.

$$P^+(양성자) + {}_{-1}e^0(전자) \rightarrow {}_0n^1(중성자)$$
$${}_8O^{15} + {}_1e^0 \rightarrow {}_7N^{15}$$

감마방사

제3의 방사선 감마선은 핵의 붕괴에 수반하여 방사된다. 이것은 높은 에너지의 극단파장인 전자기파이다. X선과 마찬가지로 강한 투과력을 가지지만 에너지는 그보다 강력해서 수백만 전자볼트 정도이며 전파(傳播)속도는 빛과 같아서 매초 30만 km이다.

방사성의 핵으로부터 감마선이 방사되더라도 감마선에는 전하나 질량도 없으므로 원자번호나 질량수에도 변화는 생기지 않는다. 감마선은 알파방사와 베타방사에 수반해서 방사되는 일이 많은데 그것은 핵 안의 에너지가 높은 상태로부터 낮은 상태로 옮아갈 때 발생한다.

방사성 코발트의 원자핵 $_{27}Co^{60}$은 5.26년의 반감기로 베타붕괴를 해서 니켈 60이 되는데 $_{26}Ni^{60}$은 방사성이 아니지만 그때는 핵이 여기(勵起)되어 높은 에너지 상태에 있으므로 감마선을 방사하여 안정한 에너지 상태로 안정되는 것이다. 그 과정에서 $_{28}Ni^{60}$은 1.173MeV와 1.332MeV의 두 가지 감마선을 방사한다. X선이 원자의 여기에너지가 떨어질 때 발생하는 데 대해 감마선은 원자핵의 여기에너지가 떨어짐으로 인해 방사되는 것이다.

감마선의 투과력은 지극히 강해서 완전히 차단하는 데는 두께 10cm의 납이 필요하고 그 차폐에는 두꺼운 콘크리트나 강철판이 사용되고 있다.

인공에 의한 핵변환

방사성원소의 붕괴는 자연으로 일어나는 일종의 핵반응인데 인공적으로 어떤 원소의 원자핵을 다른 원소의 원자핵으로 변환하는 핵반응을 일으키게 할 수 있다. 그것은 높은 에너지로 가속된 양성자, 중양성자(重陽性子), 알파입자 등을 어떤 원소의 원자에 충돌시켜 그것을 원자핵에 흡수시키거나 중성자를 원자핵이 흡수하게끔 한다. 그것을 핵의 인공변환이라 부른

278

다. 1919년에 러더퍼드는 라듐으로부터 알파입자를 질소의 원자핵에 충돌시켰더니 양성자 한 개가 튀어나와서 산소 17이 만들어지는 것을 발견했다. 이것이 인공핵변환의 시작이었다. 이 경우의 반응은 다음과 같이 화학반응식과 같은 형태로 표현할 수가 있다.

$$_7N^{14} + 2He^4 \rightarrow {_8}O^{17} + {_1}H^1$$

이와 같은 핵반응에서도 합계한 질량수와 합계한 원자번호에 변화가 생기는 일은 없으며 반응식에서 화살표와 양어깨에 붙은 질량수는 14+4와 17+1로 더불어 18이며 원자번호의 합계는 각각 9다.

1934년에 퀴리부처는 폴로늄이 방사하는 알파입자를 사용하여 가벼운 원소의 조사(照射)를 시도해서 알루미늄 이하의 원자번호의 원소 몇 개에서 인공변환에 성공했다. 알루미늄에 대한 반응은 다음과 같다.

$$_{13}Al^{27} + {_2}He^4 \rightarrow {_{15}}P^{30} + {_0}n^1$$

이 경우 알루미늄의 핵에 헬륨의 핵이 뛰어들어 한 개의 중성자를 방출하여 인 30을 얻었으나 인 30은 방사성이고 양전하를 방출해서 규소 30이 되는 것이다.

$$_{15}P^{30} \rightarrow {_{14}}Si^{30} + \beta^+$$

그러나 원자번호 13인 알루미늄보다도 위의 원소가 될 것 같으면 핵의 양전하가 커져서 알파입자를 반발하기 때문에 핵의 인공변환이 불가능하게 되었다.

페르미는 거기서 전하를 갖지 않은 중성자를 조사함으로써 인공변환이 가능한지 어떤지를 시험하여 성공을 거두었다. 그때의 중성자원으로는 베릴륨(Be)에 라돈의 알파입자를 충돌시켜서 일어나는 핵반응을 이용했다.

$$_4Be^9 + \alpha \rightarrow {}_0C^{12} + {}_0n^1$$

그리고 중성자가 어떤 원소의 원자핵에 포획되면 그것은 전자를 방출하여 양성자로 바뀌고 그 결과 원자번호가 하나 위인 원소로 변환하는 것이었다. 아니면 양전자를 방사하거나 전자포획으로 하나 아래의 원자번호인 원소로 변환한다. 이를테면 원자번호 92의 우라늄 238에 중성자가 들어가면 다음의 순서로 반응이 일어나 초우라늄원소인 플루토늄이 생성된다.

$$_{92}U^{238} + {}_0n^1 \xrightarrow{\gamma} {}_{92}U^{239} \xrightarrow{\beta} {}_{93}Np^{239} \xrightarrow{\beta} {}_{94}Pu^{239}$$

이와 같은 중성자조사에 의한 핵반응은 원자로의 중성자를 이용하여 여러 가지 방사성동위원소의 제조에 쓰이고 있다.

핵분열

핵분열은 원자핵이 두 개의 다른 종류의 원자핵으로 분열되는 핵반응이며 그때 몇 개의 중성자가 유리되고 동시에 커다란 에너지가 해방되는 것이다. 이와 같은 반응은 질량수 238 이상의 무거운 원자에서 자연으로 일어나는 경우가 있으나 그것은 극히 드문 일이고 그것은 차라리 인공적으로 원자력을 해방시킬 목적으로 우라늄 235 및 플루토늄 239에 중성자를 조사하여 분열시키는 경우가 주이다.

1939년에 한(Otto Hahn, 1879~1968)과 스트라스만(Fritz Strassmann)은 우라늄에 중성자를 충돌시켜서 생성되는 물질을 조사했는데 이때 방사성 바륨(Ba)과 크립톤(Kr)이 생성되고 있는 것을 발견하고, 그것이 우라늄의 동위원소 U 235가 둘로 분열됨으로써 생긴다는 사실을 밝혔다. 그리고 이것이 원자폭탄 제조의 기초가 되었는데 그것은 분열 때 원자 한 개당 2억 전자볼트의 에너지가 방출되며 그것은 우라늄 235가 1kg이라면 TNT 폭약 2만 톤의 폭발에 해당하는 파괴력을 발생한다고 계산했다.

이 경우 우라늄핵분열에 수반하여 방출되는 두세 개의 중성자에 의해서 다른 우라늄 235의 원자에 핵분열이 일어나고 그 연쇄반응으로 차례차례로 핵분열이 증식되어 가서 마침내 그 모든 것이 분열하는 현상이 일어나기 때문에 원자력 해방의 실용화가 가능해졌다.

이렇게 원자폭탄이 만들어졌는데 원자력발전의 원자로 속에서 일어나는 제어할 수 있는 우라늄핵분열도 마찬가지로 중성자에 의한 연쇄반응에

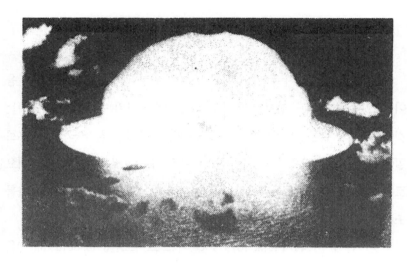

그림 17-4 | 핵폭탄의 폭발

의해서 진행되는 것이다. 그것은 초우라늄원소 플루토늄 239를 사용하는 경우도 같다.

$$_{92}U^{235} + _0n^1 \rightarrow _{56}Ba^{140} + _{36}Kr^{93} + 3_0n^1 + 에너지$$
$$_{92}U^{235} + _0n^1 \rightarrow _{54}Xe^{144} + _{38}Sr^{90} + 2_0n^1 + 에너지$$

우라늄 235의 핵분열에서는 여러 가지로 조합하여 수많은 핵분열 생성물이 만들어진다. 평균하면 해방되는 중성자의 수가 2.5개이고 그 에너지는 2억 전자볼트이다.

핵융합

우라늄 등의 무거운 원소의 핵분열에 대해 수소 등의 극히 가벼운 원소
는 그 원자핵이 융합하여 보다 안정된 큰 원자핵을 만드는 핵반응을 일으
킬 수가 있는데 그 경우에는 핵분열의 경우보다 훨씬 큰 에너지가 해방된
다. 이와 같은 현상을 「핵융합 반응」이라 부른다.

1939년에 베테(Hans Albrecht Bethe, 1906~2005)는 태양이나 다른 항성
의 에너지가 수소 4원자가 융합해서 헬륨 1원자가 되는 반응에서 해방되
는 에너지라는 설을 제창했다. 이 경우에 수소가 융합하는 과정으로서 두
개의 연쇄반응이 생각되고 있다.

그 하나는 양성자—양성자 연쇄반응이라 불리는 것으로, 먼저 두 개의
양성자, 즉 수소의 원자핵 융합으로써 중양성자가 생기고 그 중양성자와
양성자가 융합하여 헬륨 3이 되고 다시 양성자 한 개가 융합해서 헬륨 4가
되는 것이다. 그리고 그 각 과정에서 에너지가 해방된다.

$$_1H^1 + {}_1H^1 \rightarrow {}_1H^2 + \beta^+ + \gamma$$
$$_1H^2 + {}_1H^1 \rightarrow 2He^3 + \gamma$$
$$_2He^3 + {}_1H^1 \rightarrow 2He^4 + \beta^+ + \gamma$$

결과로 $4_1H^1 \rightarrow 2He^4 + 2\beta + $에너지가 된다.

또 하나는 탄소—질소 사이클이라 불리는 과정으로 중간에서 탄소와

질소가 일종의 촉매 역할을 하는 것이다.

$$_6H^{12} + {}_1H^1 \rightarrow {}_1N^{13} + \gamma$$

$$_7N^{13} \rightarrow {}_6C^{13} + \beta^+$$

$$_6C^{13} + {}_1H^1 \rightarrow {}_7N^{14} + \gamma$$

$$_7N^{14} + {}_1H^1 \rightarrow {}_8O^{15} + \gamma$$

$$_8O^{15} \rightarrow {}_7N^{15} + \beta+$$

$$_7N^{15} + {}_1H^1 \rightarrow {}_6C^{12} + {}_2He^4$$

이와 같은 핵융합반응은 통상조건에서는 일어날 수 없으며 태양의 2000만 도라는 높은 온도와 초고압 아래서 비로소 일어나게 된다. 수소폭탄은 중수소와 3중수소의 융합을 주체로 하는 것이지만 그 반응의 시작에는 핵분열 폭탄으로 생긴 초고온도가 이용된다. 핵융합의 평화적 이용은 아직도 장래에 속하는 일이지만 그 반응의 여기에는 토카마크(Tokamak)라 불리는 장치 등으로 방전에 의한 플라스마(plasma)의 초고온도 또는 레이저에 의한 높은 온도의 이용이 연구되고 있다.

방사성탄소에 의한 연대측정

방사성동위원소의 반감기는 지극히 엄밀하기 때문에 그것은 시간 경과의 측정 즉 그것을 함유하는 물질의 연대측정 등에 이용할 수가 있다. 암석의 연대측정에는 그 속에 함유되는 우라늄 238과 납의 비율이 이용되고 거기서부터 지구의 지각(地殼)이 형성되고서부터 45억 년이라고 하는 숫자가 태어난 것이다.

그러나 그것과는 달리 오늘날 고고학에서 고대 유물 등의 연대를 결정하는 데에 방사성인 탄소 14의 함유량 측정이 이용되고 있다. 이 방법은 1949년에 리비(Willard Frank Libby, 1908~1980)에 의하여 고안되었는데 대기 속에서는 우주선(宇宙線)의 중성자에 의해 다음의 반응으로 질소로부터 탄소 14가 생성되고, 그 생성속도와 붕괴속도가 같아져 있기 때문에 대기 속의 이산화탄소에는 일정량의 $C^{14}O_2$가 포함되어 있는 것이다.

$$_7N^{14} + _0n^1 \rightarrow _6C^{14} + _1H^1$$

거기서 식물이 대기의 이산화탄소를 광합성(光合成)으로서 동화(同和)해서 키우면 식물의 탄소 속의 탄소 14의 비율은 대기의 이산화탄소의 경우와 같고 그것을 먹은 동물이나 그 동물을 먹고 자란 동물의 단백질의 탄소 또한 같다. 그러나 그 생물이 사멸하면 그 속의 탄소 14는 보급되는 일이 없이 방사능 붕괴로 줄어든다. 따라서 유물 속의 탄소에 함유되는 탄소 14의 양을 측정하면 그것에서부터 생물이 죽은 후의 연대가 산출되는 것이다. 이를테면 일본의 승문시대(繩文時代)가 5,000년 전이었다고 하는 것도 이 방법으로 산출한 것이다.

또 탄소 14의 반감기는 5,570년, 살아 있는 생물의 탄소 1g 속에서는 매분 15.3개의 탄소 14가 붕괴하고 있다. 그래서 측정하는 물질을 태워서 이산화탄소로 하거나 메탄 등의 가스로 바꾸어 그 가스의 방사능을 가이거 계수관(Geiger Müller Counter) 등으로 측정하면 그것에서부터 연대를 산출할 수가 있다.

18장

유기화합물과 그 모체

18. 유기화합물과 그 모체

탄소의 결합

옛날에는 유기화합물을 유기체(有機體) 즉 동식물의 체내에서만 만들어지는 화합물이라 하여 무기화합물과 전혀 별개의 존재라고 생각하고 있었다. 하지만 1828년에 뷜러(Friedrich Wöhler, 1800~1882)가 무기화합물인 시안산암모늄을 가열하며 요(尿: 오줌)의 성분인 요소를 만들고 나서부터는 유기, 무기의 장벽이 제거되었고, 오늘날에는 복잡한 유기화합물도 무기물로부터 인공적으로 쉽게 합성되어 생물체가 만들어내는 화합물이라는 의미는 없어져 버렸다.

그러나 유기화합물이 생물체의 근본이 되어 있는 것은 사실이며 생물이 그 체내에서 만들어 내는 유기화합물의 종류는 무한한 데다 또 그 구조도 지극히 복잡한 것까지 있어 오늘날의 화학은 그 모습을 차츰 밝혀나가고 있다.

유기화합물이란 가장 간단한 표현으로 탄소의 화합물이라고 할 수 있다. 또 탄소가 갖는 공유결합으로 생성되는 화합물의 성질을 연구하는 학문을 유기화학(有機化學)이라고 부르게 될 것이다. 다만 탄소원자는 이미 말한 대로 공유결합으로 탄소끼리 몇 개라도 결합할 수 있고 수소, 산소, 질소, 황 그 밖의 원소의 원자와도 결합하여 아주 다종다양한 화합물 분자를

$$kJ/mol$$

C—C	347.5
C=C	594.6
C≡C	778.8

그림 18-1 | 결합의 에너지

만들 수도 있다. 따라서 유기화학의 세계는 지극히 광대한 학문영역이 되고 있다. 오늘날의 화학공업이 석탄화학공업이라 일컬어지거나 석유화학 공업으로 표현되듯이 대부분이 유기화합물을 다루거나 합성하거나 하는 공업으로 연료, 플라스틱, 섬유, 의약, 화약, 염료, 향료, 도료 등을 생각한다면 그 사이의 사정을 금방 이해할 수 있을 것이라 생각한다.

탄소원자는 그 네 개의 원자를 나누어 가짐으로써 서로 결합하고 그것에 수소, 산소 등의 원자가 결합하여 각종 유기화합물을 형성하는데 그때 탄소끼리의 결합에는 탄소와 탄소의 단독결합(C-C), 이중결합(C=C), 삼중결합(C≡C)의 세 종류가 있다.

탄화수소

이러한 탄소결합을 바탕으로 하여 모든 유기화합물이 만들어지는데 모든 유기화합물의 기초가 되는 것이 탄화수소이다. 탄화수소는 탄소와 수소,

명칭	분자식	구조식
메탄	CH_4	$\begin{array}{c}H\\H-C-H\\H\end{array}$
에탄	C_2H_6	$\begin{array}{c}H\ H\\H-C-C-H\\H\ H\end{array}$
프로판	C_3H_8	$\begin{array}{c}H\ H\ H\\H-C-C\ C-H\\H\ H\ H\end{array}$
부탄	C_4H_{10}	$\begin{array}{c}H\ H\ H\ H\\H-C\ C\ C\ C-H\\H\ H\ H\ H\end{array}$
펜탄	C_5H_{12}	$\begin{array}{c}H\ H\ H\ H\ H\\H\ C\ C-C\ C\ C-H\\H\ H\ H\ H\ H\end{array}$
옥탄	C_8H_{18}	$\begin{array}{c}H\ H\ H\ H\ H\ H\ H\ H\\H\ C\ C\ C\ C\ C\ C\ C-C-H\\H\ H\ H\ H\ H\ H\ H\ H\end{array}$

두 개의 원자로만으로 이루어지는 화합물로서 그것들은 구조에 따라서 알칸(alkane), 알켄(alkane) 및 알킨(alkyne)은 지방족이라 불리는데 그것은 영어의 알리파틱(aliphatic)이 Oil과 fat라는 뜻이므로 그것을 번역하여 지방족(脂肪族)이라는 이름이 된 것으로 생각된다. 지방과 관계가 있다는 것은 아닐 것이다.

알칸은 파라핀계 탄화수소(paraffin hydrocarbon)라고도 불리며 탄소 사이의 결합은 단결합뿐으로 포화탄화수소라고도 일컬어진다. 알칸의 일반식은 CnH_2n+2이며 탄소가 한 개인 경우가 메탄(CH_4)이다. 석유의 성분인 탄화수소로서 연료 등으로서도 가장 중요한 탄화수소이다. 알칸의 몇몇을 표로 제시해 두었다.

위의 표에는 탄소원자가 곧은 사슬 모양(直鎖狀)으로 늘어선 정(正) 또는 노멀(normal)로 표현되는 알칸을 적었는데 탄소수가 많은 것에서는 곁가지가 달린(分枝) 모양의 것이 여러 가지 존재하게 된다. 이를테면 부탄(butane)이라면 다음과 같이 두 개의 이성체(異性體)가 있다.

$$CH_3 CH_2 CH_2 CH_3 \qquad \underset{\displaystyle CH_3}{CH_3 CHCH_3}$$

노멀부탄   이소부탄

이와 같은 경우 탄소가 한 줄로 배열된 쪽이 노멀부탄이고 가지가름이 있는 쪽을 이소부탄(isobutane)이라 부른다. 구조식은 다음과 같이 약해서 적는 것이 보통이다.

노멀부탄   이소부탄

분자식은 같아도 구조가 달라지면 그 성질에도 다소의 차이가 난다. 이를테면 노멀부탄은 끓는점이 -0.5℃이지만 이소부탄은 -11℃이다.

가솔린의 주성분인 옥탄은 다섯 개의 이성체를 갖는데 자동차엔진에 중요한 것은 2·2·4·트리메칠펜탄의 구조를 갖는 이소옥탄이며 노멀옥탄은 이른바 옥탄값이 제로여서 자동차 연료로는 쓸모가 없다.

알켄은 올레핀탄화수소(olefin hydrocarbon)라고도 불리며 분자 속에 한 개 또는 그 이상의 탄소의 이중결합을 가지며 알칸에 비해 수소가 부족하기 때문에 불포화탄화수소라고 표현한다. 알켄의 일반식은 CnH_2n이고 가장 간단한 알켄은 에틸렌 C_2H_4이다. 에틸렌의 구조는

$$\begin{matrix} H & & & H \\ & \diagdown & & \diagup \\ & C & = & C \\ & \diagup & & \diagdown \\ H & & & H \end{matrix}$$

이며 $CH_2=CH_2$로 나타낸다.

에틸렌과 프로필렌(propylene)은 이성체를 갖지 않았으나 부텐(butene)에는 이중결합이 존재하는 위치에서 1부텐 $CH_2=CHCH_2CH_3$과 2부텐 $CH_3CH=CHCH_3$과의 두 이성체가 생기는데 부텐에서는 또 하나의 기하이성질(gemetrical isomerism; 幾何異性質)이라 불리는 새로운 형태의 이성체가 존재한다. 그것은 2부텐의 탄소이중결합에 대해서 두 개의 메틸기와 두 개의 수소원자가 그림과 같이 같은 쪽에 오거나 교차해 있거나 하는 두 가지 형태가 생긴다.

$$\begin{matrix} CH_3 & & & H \\ & \diagdown & & \diagup \\ & C & = & C \\ & \diagup & & \diagdown \\ H & & & CH_3 \end{matrix} \qquad \begin{matrix} CH_3 & & & CH_3 \\ & \diagdown & & \diagup \\ & C & = & C \\ & \diagup & & \diagdown \\ H & & & H \end{matrix}$$

트랜스 2부텐   시스 2부텐

이와 같은 이성체에서는 같은 기 또는 원자가 같은 쪽에 있는 경우를 「시스(cis)화합물」이라 부르고 교차하여 반대쪽에 있는 경우를 「트랜스

(trans)화합물」이라 부른다.

알켄류는 포화탄화수소인 알칸에 비해 화학적으로 지극히 활발하여 산화환원(酸化還元), 부가반응, 중합(重合) 등이 일어나기 쉽다. 거기서 유기합성화학에서는 폴리에틸렌, 에틸렌글리콜, 아세토알데히드, 에탄올, 염화비닐, 폴리에스텔섬유 등이 만들어지고 있다. 그리고 프로필렌으로부터는 폴리프로필렌이나 합성세제가, 부텐으로부터는 합성고무 등이 만들어진다.

알킨

알킨류는 아세틸렌계 탄화수소(acetylene hydrocarbon)라고도 불리며 탄소와 탄소의 삼중결합을 갖는 탄화수소이다. 알켄과 마찬가지로 불포화탄화수소이며 일반식 CnH_{2n-2}으로서 나타낸다. 그리고 그것의 가장 간단한 것이 에틸렌 즉 아세틸렌 C_2H_2로서 그 구조식은

$$H-C\equiv C-H$$

이다. 알킨류에는 기하이성체가 존재하지 않는다.

알킨도 화학적으로는 극히 활발하며 그중의 아세틸렌은 합성화학 등에서 특히 중요한 역할을 하고 있다. 연소 때는 다량의 탄소가 유리되기 때문에 불길이 밝게 빛나므로 칸델라 등에 사용되며 산소로 연소시키면

3,000℃에 가까운 고온의 불길을 얻을 수 있으므로 용접용으로는 없어서는 안 될 연료로 되어 있다.

팔라듐 등을 촉매로 하여 수소를 작용시키면 쉽게 에틸렌을 얻을 수 있고 중합으로 벤젠을 만들 수도 있다. 염산과 반응시키면 염화비닐을 얻고 수은을 촉매로 사용하면 물과 반응하여 아세트알데히드가 만들어진다. 또 아세틸렌을 압축하면 탄소와 수소로 분해하는 반응을 일으켜서 폭발할 가능성이 있으며, 구리나 은 등의 금속과 결합하여 금속 아세틸라이드를 형성하는데 이들 아세틸라이드는 분해하여 폭발을 일으키기 쉬운 위험물이다.

아세틸렌으로부터는 또 많은 유도체(誘導體)를 얻는 유기합성의 출발물질로서 바람직한 탄화수소이지만, 가압에 의한 위험성이 장애가 되어 그 응용의 길이 막혀 있던 것을 레페(Walter Julius Reppe, 1892~1969)가 독특한 공정을 개발하여 그 유용성을 높였다.

방향족 탄화수소

이상의 지방족 탄화수소에 대해 벤젠, 토루엔(toluene), 나프탈렌, 안트라센(anthracene) 등 일련의 방향족으로서 구별되는 탄화수소가 있다. 그 이름은 독특한 강한 냄새를 갖는 것이 많은 데에서 유래하지만 그보다도 방향족 탄화수소는 그 고리구조(環狀構造)에 중요한 의미가 있다.

방향족 탄화수소에서 가장 간단한 것은 벤젠으로서 그 일반식은 C_6H_6

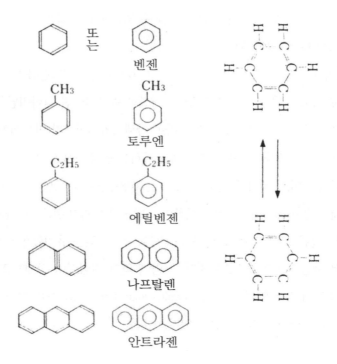

벤젠

CH₃

CH₃

톨루엔

C₂H₅

C₂H₅

에틸벤젠

나프탈렌

안트라젠

인데 그 구조는 케쿨레(Friedrich August von Stradonitz Kekule, 1829~1896)가 발견한 역사적 사실로도 유명하듯이 여섯 개의 탄소원자가 육각형의 고리를 형성하여 결합하고 각각에 한 개씩의 수소원자가 붙어 있는 모습을 하고 있다.

앞의 위쪽 그림과 같이 탄소와 탄소의 결합은 단독결합과 이중결합이 한 개씩 건너뛴 공액이중결합이라는 형태를 취하고 있다. 이와 같은 벤젠 또는 벤젠핵은 간략화하여 앞의 아래쪽과 같은 기호로써 표시하는 것이 보통이다.

벤젠을 비롯한 방향족 탄화수소는 불포화이중결합을 가지고 있는데 알켄이나 알킨만큼 반응성이 강하지 않다. 벤젠환은 상당히 안정해서 촉매를 써서 수소화, 니트로화 등을 하더라도 벤젠핵은 변화하지 않으며 한 개나 두 개의 수소원자가 그것들의 원자단으로 치환될 뿐이다.

수소화 $\bigcirc$ + 3H$_2$ $\xrightarrow{\text{Pt}}$ (시클로벤젠 구조) 시클로벤젠

할로겐화 $\bigcirc$ + Br$_2$ $\xrightarrow{\text{FeBr}_3}$ (Br 치환 벤젠) + HBr

니트로화 $\bigcirc$ + HNO$_3$ $\xrightarrow{\text{H}_2\text{SO}_4}$ (NO$_2$ 치환 벤젠) + H$_2$O

알칼화 $\bigcirc$ + CH$_3$Cl $\xrightarrow{\text{AlCl}_3}$ (CH$_3$ 치환 벤젠) + HCl

그러나 방향족 탄화수소로부터 이끌어지는 중간화합물은 유기합성화학에 있어서 극히 중요하며 염료, 의약, 화약, 플라스틱 등의 주요원료가 된다. 역사적으로도 유기합성은 콜타르의 방향족화합물로부터 염료를 만든 데서부터 시작되었던 것이다.

기능기

탄화수소의 수소원자 몇 개를 원자단으로 치환함으로써 수많은 유기 화합물이 만들어지는데 그것들의 원자단을 가리켜 기능기(機能基 functional group)라 부른다. 그것들이 일반적으로 그 화합물의 성질을 결정하기 때문이다. 이를테면 알킬기나 아릴기에 수산기가 붙으면 알코올류가 형성되며 카

화합물명	일반식	기능기	
할로겐화물	$R-X$	$-X$	할로겐
알코올	$R-OH$	$-OH$	히드록실
에틸	$R-O-R'$	$-O-$	
알데히드	$R-C{\displaystyle \stackrel{O}{\diagdown}_H}$	$-C{\displaystyle \stackrel{O}{\diagdown}_H}$	
케톤	$R-\underset{\parallel O}{C}-R'$	$-\underset{\parallel}{C}-$	카르보닐
유기산	$R-C{\displaystyle \stackrel{O}{\diagdown}_{OH}}$	$-C{\displaystyle \stackrel{O}{\diagdown}_{OH}}$	카르복실
에스테르	$R-C{\displaystyle \stackrel{O}{\diagdown}_{OR}}$	$-C{\displaystyle \stackrel{O}{\diagdown}_{O-}}$	
아민	$R-NH_2$	$-NH_2$	아미노
아미드	$R-C{\displaystyle \stackrel{O}{\diagdown}_{NH_2}}$	$-C{\displaystyle \stackrel{O}{\diagdown}_{NH_2}}$	아미드

단 R, R′는 알킬기 또는 아릴기

르복실기가 결합하면 유기산이 된다. 표는 그것들의 화합물과 기능기이다.

알코올류

알킬기에 수산기가 결합한 R—OH의 일반식을 갖는 화합물을 알코
올류라 부르고 있다. 우리에게 가장 관계가 깊은 것은 에틸알코올(에탄올)
$C_2H_5 \cdot OH$이므로 단지 알코올이라고 말하면 에틸알코올을 뜻하는 경우가
많다. 또 연료나 용매로서도 중요하며 포르말린(formalin)의 원료 등에 쓰이
는 메틸알코올(메탄올)은 $CH_3 \cdot OH$이다.

가장 간단한 메탄올은 목재의 건류(乾留)에서도 얻어지므로 목정(木精)이
라고도 일컬어지는데 오늘날에는 일산화탄소와 수소로부터의 합성으로써
만들어지고 있다.

$$CO + 2H_2 \xrightarrow{\text{Cu} \cdot \text{Cr}} CH_3 \cdot OH$$

에틸알코올은 술의 성분이므로 「주정」(酒精)이라고도 불리는데 보통은
포도당을 효모균의 작용으로 발효시켜서 만들어진다.

$$\underset{\text{포도당}}{C_6H_{12}O_6} \xrightarrow{\text{치마아제}} 2C_2H_5 \cdot OH + 2CO_2$$

포도당이 효모균의 효소 치마아제(Zymase)에 의해 분해되는 것이다.

그러나 오늘날에는 석유화학공업에서 에틸렌의 수화반응(水和反應)에 의해서도 만들어진다.

$$CH_2 = CH_2 + H_2O \rightarrow CH_3CH_2 \cdot OH$$

알코올류는 산화하면 알데히드가 되고 다시 산화하여 지방산으로 바뀐다.

에테르

알킬기나 아릴기가 산소원자를 사이에 끼고 결합한 화합물을 에테르(ether)라 부른다. 일반식은 R—O—R′인데 널리 알려진 그저 에테르라 불리는 것은 에틸에테르 C_2H_5—O—C_2H_5이다. 휘발성이 강해서 불을 당기는 위험성이 많은 약품이지만 용매, 마취제로서 중요한 구실을 하고 있다.

알데히드와 케톤

카르보닐기 C=O를 포함한 화합물 알데히드(aldehyde)와 케톤(ketone)

은 서로 비슷한 성질을 가졌으나 알데히드의 일반식은

$$RC \begin{matrix} \diagup C \\ \diagdown H \end{matrix}$$

로 나타내지고 케톤은

$$R - \underset{\underset{O}{\parallel}}{C} - R'$$

로 나타내지는 구조를 하고 있다. R은 알킬기 등을 가리킨다. 알데히드의 가장 간단한 것은 포름알데히드 HCHO로 메탄올의 산화로 쉽게 만들 수 있다. 그러나 더욱 산화되면 프름산(formic acid)이 된다. 에탄올을 산화하면 아세트알데히드 $CH_3 \cdot CHO$가 얻어지고 아세트알데히드를 산화하면 아세트산 $CH_3 \cdot COOH$가 된다는 것은 잘 알려진 사실이다.

아세트산의 원료가 되는 아세트알데히드는 주로 아세틸렌의 수화(水和)로써 만들어지고 있었으나 그때 촉매로 사용하는 수은이 미나마타병의 원인이 된 이래 에틸렌으로 제조하게 되었다.

케톤은 카르보닐기를 끼고 있는 두 개의 알킬기의 이름을 붙여서 불리는데 $CH_3 \cdot CO \cdot C_2H_5$라면 에릴·메틸·케톤이나 메틸기 두 개인 경우는 아세톤 $CH_3 \cdot CO \cdot CH_3$이라 불린다. 아세톤(acetone)은 유기용매(有機溶媒)로서 광범한 용도를 가졌으나 합성원료로서도 중요한 구실을 하고 있다.

카르본산과 그 에스테르

카르본산은 알킬기(R)에 카르복실기—COOH가 결합한 화합물로서 R —COOH 또는

$$R \overset{CO}{\underset{OH}{\diagdown}}$$

의 일반식으로써 나타낸다. 강한 산성을 나타내며 무기산과 마찬가지로 수산화나트륨 등의 알칼리로 중화되고 또 금속과 작용하여 수소를 발생해서 금속염을 만든다. 환원되면 그것에 해당하는 알코올이 되는데 알코올과 반응하여 에스테르(ester)를 만드는 성질이 있다.

가장 간단한 카르본산은 아세트산 HCOOH인데 우리 생활과 깊은 관계가 있는 것은 초의 근원인 아세트산 $CH_3 \cdot COOH$이다. 아세트산은 에탄올의 발효에 의해서도 생성되지만 보통은 아세틸렌이나 에틸렌으로부터 아세트알데히드를 거쳐서 만들어진다. 식품이나 유기합성원료로서 극히 중요한 유기산이다.

카르본산과 알코올과의 화합물을 에스테르라 부르는데 에스테르류에는 좋은 향기(芳香)를 갖는 것이 많고 청량음료수의 향료 등으로 사용되고 있다. 이를테면 럼주(rum 酒)의 향기는 아세트산 에틸이고 사과가 부티르산(butyric acid) 메틸, 바나나가 아세트산 아밀(amyl), 오린지가 아세트산 옥틸(octyl) 등이다.

19장

생화학과 생명물질

19. 생화학과 생명물질

생화학이 지니는 의의

지구의 50억 년의 역사를 통해서 무기물질로부터 유기화합물이 생겨나고 그 유기화합물이 암석이나 토양 등의 촉매작용을 통해 차츰차츰 복잡한 구조를 지니는 고분자화합물로 진화하여 마침내 생명을 갖는 물질이 탄생했다고 생각할 수 있을 것이다. 생명을 갖는 물질, 즉 생물이란 외계로부터 다른 물질을 섭취하여 동화(同化)하고 그로써 성장하고 다시 분열해서 번식하는 식의 성질을 갖는 물질이다.

그와 같은 생명을 지니는 물질은 당연히 유기화합물이며 그 성질이나 변화는 유기화학이 다루는 영역이기는 하지만 복잡한 분자구조를 갖는 물질의 집합체 중에서 생명이 유지되는 조건에서 일어나는 미묘한 화학변화를 연구하는 학문이라는 점에서 생화학(生化學; biochemistry)이라 불리는 특별한 영역이 필요하게 되었다.

생명을 지니는 물질의 기초는 질소를 함유하는 고분자화합물의 단백질이며 그 단백질과 미묘한 작용을 하는 유기촉매의 효소류가 결합해서 생명이라는 현상을 영위하게 된다. 우리 인류를 포함하여 모든 동물은 근육, 피부, 내장 등 주요 부분이 단백질로부터 구성되어 있는데 셀룰로스나 리그닌(lignin) 등 탄수화물로 구성되어 있는 것처럼 생각되는 식물도 그 물질은 골격 재료이지 그 생명작용은 세포 내의 단백질이 영위하고 있는 것이다.

생명현상의 본질은 마이너스 엔트로피의 반응이므로 그러기 위해서는 그것에 필요한 에너지의 공급을 얻지 않으면 안 되는데 식물은 그 에너지를 주로 태양에서 공급받으며 엽록소라는 유기촉매의 힘을 빌어서 이산화탄소와 물로부터 탄화수소를 합성하여 성장해 간다. 이것에 대해 동물 쪽은 식물에 의해서 합성된 탄수화물이나 단백질 또는 다른 동물의 단백질이나 지방을 섭취하여 체내에서 산화반응(酸化反應)을 시켜서 에너지를 얻고 있다.

생물체 내에서 이루어지는 복잡한 화학반응은 모두 각종 효소 각각의 촉매작용에 의해서 방향 설정이 이루어지고 또 각각에 독특한 분자구조를 갖는 단백질은 유전정보를 분자의 형태로 지니고 있는 DNA의 지령, 즉 촉매작용에 의해서 RNA를 통해서 합성된다. 그리고 어느 정도 성장하게 되면 생식세포의 분열로 번식이 일어나는데 그때의 유전적 성질은 염색체 속의 DNA에 의해서 자손에게 전해져 간다.

생화학이 담당하는 영역은 단백질의 화학과 생물이 먹이로 하는 탄수화물이나 유지류(油脂類)의 화학, 그리고 생물체 내에서 그것들의 화학변화를 올바르게 영위하게 하기 위한 효소, 호르몬, 비타민 등의 유기촉매의 작용 등이며 또 그 자체가 유전정보(패턴)이기도 한 DNA(디옥시리보핵산)의 연구로 나아가게 된다. 한마디로 그렇게 말해 버리면 간단하지만 그들의 세계가 얼마만큼이나 복잡한가에 대해서는 우리 자신을 돌이켜 보면 명백할 것이다.

탄수화물

탄수화물류는 동물에게는 에너지원으로서 또 식물에서는 일부는 에너지원으로, 일부는 골격 재료로서 중요한 의미를 지니는 화합물이다. 탄소원자가 물의 조성비율인 수소와 산소와 결합해 있다는 것에서 탄수화물이라는 이름이 생겼는데 「함수탄소」(含水炭素)라고 불리는 일도 있다. 실제로는 알데히드라든가 케톤과 몇 개의 수산기가 결합되어 있다. 폴리히드록시알데히드 또는 폴리히드록시케톤이라고나 할 화합물이다.

탄수화물은 단당류(單糖類), 2당류 및 다당류의 두 종류로 나누어 다룰 수가 있는데 다당류는 포도당이나 과당 등 가수분해에 의해 보다 작은 분자의 당으로 분해할 수 없는 탄수화물이고 2당류는 설탕(sucrose) 등 가수분해로 두 개의 단당류를 생성하는 탄수화물, 그리고 다당류는 녹말이나 셀룰로스 등 가수분해로 다수의 단위 단당류를 생성하는 탄수화물이다.

단당류는 알데히드기를 갖는 알도스(aldose)와 케톤기를 갖는 케토스(ketose)로 나뉘는데 생물학적으로 가장 중요한 단당류는 탄소수가 여섯 개인 핵소스(hexose) $C_6H_{12}O_6$로 포도당, 과당, 갈락토스(galactose), 셋이 특히 중요하다.

포도당은 글루코스(glucose)라 불리며 또 덱스트로스(dextrose: 右旋糖)라고도 불리는데 벌꿀이나 포도 등의 과일에 함유되어 있다. 우리의 혈액 속에 포함되어 있으므로 「혈당」(血糖)이라고도 불린다. 오줌(尿) 속에서도 발견되는 일이 있는데 오줌에 정상적으로 존재하는 경우는 당뇨병이다. 포도당은 동물에게는 가장 중요한 에너지원이며 체내에서 혈액의 옥시헤모글로빈(oxihemoglobin)으로부터 산소의 공급을 받아 연소하여 열을 발생하는 연료이다. 알데히드기 때문에 환원성(還元性)을 보이며 페엘링액(Fehling's solution: 황산구리와 수산화나트륨 및 타르타르산나트륨의 수용액)과 섞으면 환원하여 산화제일구리의 붉은 침전이 발생한다.

과당은 프룩토오스(fructose)라 불리며 포도당과 함께 벌꿀이나 과일 속에 있다. 레불로스(levulose: 左旋糖)라고도 불리며 케톤기를 갖는 단당류이기 때문에 환원성을 갖지 않을 테지만 알칼리성으로 해 두면 서서히 이성체인 포도당으로 변화하므로 알칼리성인 페엘링액이 환원되는 것이다.

갈락토스는 자연적으로는 발견되지 않으나 2당류의 젖당을 가수분해함으로써 만들 수가 있다. 이는 포도당과 흡사한 구조를 가진 알도헥소스(aldohexose)로 영양상 중요한 것이다.

2당류

우리의 식생활에서 가장 중요한 당류는 2당류인 설탕, 맥아당(麥芽糖), 젖당이다. 2당류는 두 개의 단당류가 산소의 가교결합(架橋結合)으로 결합된 형태의 것인데 $C_{12}H_{22}O_{11}$의 화학식으로써 나타내고 가수분해에서 바탕이 된 두 개의 단당류를 생성한다.

$$C_{12}H_{22}O_{11} + H_2O \rightarrow C_6H_{12}O_6 + C_6 + C_6H_{12}O_6$$

이 반응은 산이나 알칼리 또는 효소 등의 촉매작용에 의해서 일어난다.

설탕은 식탁이나 과자에서 가장 흔하게 사용되는 감미료이며 사탕수수 줄기 또는 사탕무우의 뿌리에서 만들어진다. 가수분해로 설탕의 분자는 포도당과 과당으로 분해된다. 우리가 섭취한 설탕은 위 속에서 가수분해되고 포도당의 형태로 혈액에 흡수되어 에너지원이 된다. 설탕 속의 알데히드기는 글루코시드결합에 사용되고 있으므로 설탕은 환원성을 보이지 않는다.

맥아당은 녹말을 효소아밀라아제(amylase)로 가수분해를 하여 얻는 2당류로서 포도당의 2분자로부터 구성되어 있다. 녹말분해효소인 아밀라아제가 보리에 싹이 텃을 때의 맥아(麥芽)에 포함되어 있으므로 이 이름이 붙여졌다. 아밀라아제는 침 속에도 함유되어 있으므로 녹말은 저작(음식을 씹음) 때 가수분해 작용을 받는다. 맥아당에서는 카르보닐기가 막혀 있지 않기 때문에 페엘링액을 환원한다.

젖당은 포유동물의 젖 속에 함유되어 있는 2당류로 우유 속에는 4~6%의 젖당이 포함되어 있다. 젖당의 분자는 단당류 갈락토스와 글루코스가 결합한 것이며 가수분해가 되면 이 둘이 생성된다.

다당류

식물의 섬유를 구성하는 셀룰로스 그리고 쌀, 보리, 고구마 등의 성분인 녹말 등은 다수의 단당류가 중합하여 이루어진 고분자 탄화수소이다. 분자량은 10만 개에서 20만 개이며 가수분해를 하면 포도당이 얻어진다.

목재는 셀룰로스를 리그닌으로 굳힌 천연의 복합재료인데 약 50%가 셀룰로스이다. 무명은 거의 순수한 셀룰로스이기 때문에 그대로 질화면(窒化綿)의 질산셀룰로스로 하거나 인견의 원료에 사용되거나 한다. 한 개의 셀룰로스분자는 3,000개에서 5,000개의 포도당분자가 연결된 구조를 가지고 있다.

녹말분자는 200에서 3,000개의 포도당분자가 연결해 있다. 녹말은 침 속에 포함되는 아밀라아제로 가수분해를 하여 맥아당이 되기 때문에 우리의 식용이 되는데 사람의 소화기관에는 셀룰로스를 가수분해하는 효소가 없기 때문에 셀룰로스는 염산으로 가수분해를 해서 포도당이라도 만들지 않는 한 식용이 될 수 없다.

식물은 그 생활에 필요한 에너지원인 포도당을 녹말의 형태로 저장하지만 동물은 그것을 글리코겐의 형태로 해서 간장이나 근육 속에 저장하고 있다. 먹이를 섭취하지 않을 때 글리코겐의 분해로 생긴 포도당을 에너지원으로 사용한다. 글리코겐은 녹말과 흡사한 분자구조를 가지고 있다.

지방질

지방질은 동물이나 식물에도 중요한 생활물질로서 벤젠이나 4염화탄소 등의 유기용매에 썩 잘 녹는 화합물이다. 지방질은 단순지방질과 인지방질과 스테로이드(steroid)의 세 종류로 구별되는데 단순지방질은 가수분해로 지방질과 글리세린을 생성하고 인지방질은 가수분해로 지방산, 글리세린, 인산 및 질소를 포함한 화합물을 생성한다. 스테로이드는 페난트렌(phenanthrene)을 닮은 구조를 한 화합물이다.

단순지방질로 분류되는 것은 유지류(油脂類)이며 유지는 지방산인 글리세린에스테르인데 상온에서 고체인 것을 지방이라 부르고 액체인 것을 지방유(脂肪油)라 부른다. 또 지방산은 카르본산 중에서 유지를 구성하는 것을 말한다. 라드(lard)나 우지(牛脂)는 지방이고 대두유나 올리브유는 지방유이다.

유지류는 소장 속에서 가수분해되어 글리세린과 지방산으로 되고 지방산은 소장벽을 통과하여 혈액에 들어가 신체의 각 부분으로 보내져서 곧 에너지원으로 사용되거나 신체의 지방이 되어 저장된다.

인지방질의 예는 달걀의 노른자위(卵黃)나 콩 속에 포함되는 복잡한 구조를 갖는 레시틴(lecithin)이다. 레시틴은 인체에서는 신경세포나 뇌조직 속에서 발견된다. 레시틴은 단순지방질과 비슷하지만 그 속에 인과 질소를 포함한 원자단이 존재해 있고 가수분해로 지방산, 글리세린, 인산 및 코린(choline)을 생성한다. 레시틴은 신경조직에 중요한 물질이며 분해로 생성

명칭	화학식	유지명
낙산	$CH_3(CH_2)_2COOH$	버터
카프로산	$CH_3(CH_2)_4COOH$	버터
라우린산	$CH_3(CH_2)_{10}COOH$	유자유
팔미틴산	$CH_3(CH_2)_{14}COOH$	라드, 우지
스테아린산	$CH_3(CH_2)_{16}COOH$	버터, 라드. 우지
올레인산	$CH_3(CH_2)_7CH=CH(CH_2)_7COOH$	올리브유, 땅콩유
리놀렌산	$CH_3CH_2CH=CHCH_2CH$ $=CHCH_2CH=CH(CH_2)_7COOH$	아마유

표 19-1 | 지방산과 그것으로부터 생기는 유지

되는 코린이 아세틸코린(acetylcholine)의 체내합성에 필요하다. 아세틸코린은 신경의 충격(impulse)을 전달하는 데 중요한 물질이다.

　스테로이드는 다음에 보인 그림과 같은 페난트렌을 닮은 구조를 한 지방질이다.

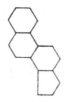

콜레스테롤(cholesterol)은 그 이름이 잘 알려진 스테로이드의 예로서 우리의 체내에 가장 풍부하게 존재하는 스테로이드이다. 콜레스테롤은 많은 식품에 포함되는데 체내에서도 만들어진다. 콜레스테롤은 뇌조직에 상당히 많이 존재하며 체내에서의 주요 기능은 성호르몬 등 다른 종류의 콜레스테롤을 만들어 내는 기능이라고 생각하고 있다. 그러나 콜레스테롤은 과잉이 되면 동맥경화나 심근경색의 원인이 된다.

단백질

유기화합물의 성분원소는 탄소와 수소 외에 산소, 질소, 황이 그 화합물의 성격에 중요한 역할을 하는데 질소는 특히 생명의 모체라 할 단백질의 구성원소로서 중요한 의미를 지니고 있다. 옛날에는 단백질이야말로 생명이 존재하는 형태라고도 해서 단백질은 그것이야말로 생물에 의해서만 만들어지는 화합물이라고 했으나 오늘날에는 단백질에 따라서는 그 합성도 가능해졌다. 다만 그것으로 생명이 합성된 것은 아니다.

생물체 특히 동물은 신체 조직의 대부분이 단백질에 의해 형성되어 있다고 하겠다. 근육, 피부, 신경, 손톱, 발톱, 머리카락 그리고 혈액의 헤모글로빈, 체내의 각종 생화학반응을 지배하는 효소나 호르몬 등도 단백질이다.

단백질은 매우 많은 아미노산분자를 연결해서 이루어진 고분자화합물이다. 아미노산은 아미노기(—NH₂)와 카르복실기(—COOH)를 가진 화합물

단백질은 매우 많은 아미노산분자를 연결해서 이루어진 고분자화합물이다. 아미노산은 아미노기(—NH

이다. 아미노산은 아미노기($-NH_2$)와 카르복실기($-COOH$)를 가진 화합물

로서 일반식

$$R-CH-COOH$$
$$|$$
$$NH_2$$

로 나타내는데 가장 간단한 아미노산은 글리신 NH_2CH_2-COOH이다. 단
백질은 극히 복잡한 화합물로 그 종류도 많지만 우리 몸의 단백질을 구성
하는 아미노산의 종류는 불과 스물한 종류에 지나지 않는다.

그 아미노산 중에서 트레오닌(threonine), 바린(valine), 로이신(leucine),
이소로이신(isoleucine), 메티오닌(methionine), 리신(lysine), 페닐알라닌
(phenylalanine), 트립토판(tryptophane)의 여덟 종류는 필수아미노산이라 불
리며 음식물에 빼놓을 수 없는 것이다. 그 밖의 아미노산은 모두 체내에서
합성되므로 특별히 섭취할 필요는 없다.

우리가 단백질을 먹었을 경우 그 거대한 분자는 효소펩신의 작용으로
가수분해되어 단위 아미노산이 된다. 생성된 아미노산은 혈액으로 들어가
신체의 각 부분으로 보내어져서 조직단백, 효소, 호르몬, 핵산 등으로 합성
되는데 아미노산은 체내에 저장되는 일은 없다. 우리 몸은 당(글리코겐)이나
지방과는 달라서 아미노산 저장을 할 수 없기 때문에 늘 밸런스가 잡힌 단
백질을 섭취하지 않으면 안 된다.

효소는 단백질의 일종이기는 하지만 촉매의 항목에서 설명했듯이 지극
히 미묘한 기능을 지닌 유기촉매이다. 각 효소는 엄밀하게 정해진 특정 반
응에만 관여하며 지극히 비슷한 물질이라도 물질이 다르면 작용하지 않는

다. 이를테면 사카라아제(saccharase)는 설탕의 가수분해에는 촉매로서 작용하지만 같은 종류인 맥아당이나 젖당에서는 가수분해가 안 된다. 맥아당일 때는 말타아제(maltase)를 써야 한다. 우리의 체내에서는 실로 다종다양한 생화학반응이 이루어지고 있는데 그 하나하나에 특유한 효소가 관여하고 있는 것이다.

호르몬도 효소와 비슷한 기능을 하지만 보다 복잡한 기능을 지배하는 화합물이며 갑상선, 부신, 췌장, 고환, 난소 등의 내분비선에서 만들어져서 혈액 속으로 내보내진다. 이를테면 부신에서 분비되는 아드레날린(adrenaline)은 심장의 고동과 호흡을 빠르게 하고 혈관을 수축시키며 글리코겐을 급속하게 포도당으로 분해한다. 이렇게 긴급한 경우에 필요한 에너지를 만들어내는 것이다.

췌장 속의 랑겔한스섬(islet of Langerhans)이라 불리는 작은 선(腺)으로부터 분비되는 인슐린(insuline)은 몸의 세포에 의해서 포도당이 소비되는 속도를 조절하는 작용을 하는데 충분한 인슐린이 공급되지 않으면 포도당이 글리코겐으로 변환되기 어렵게 되어 혈액 속의 포도당이 지나치게 증대해 당뇨병을 일으키게 된다. 당뇨병 환자에게는 인슐린을 투여할 필요가 있는데 인슐린은 단백질이므로 입을 통해 먹을 때(經口) 위에서 소화되므로 주사에 의존하지 않으면 안 된다.

비타민류는 특수한 효소라고도 할 수 있는데, 효소 즉 유기촉매라기보다는 화학적인 윤활제라고 하는 편이 나을지 모른다. 단백질 이외의 화합물도 있어 효소의 단백질을 보증하는 데서부터 「보조효소」(coenzyme)라고

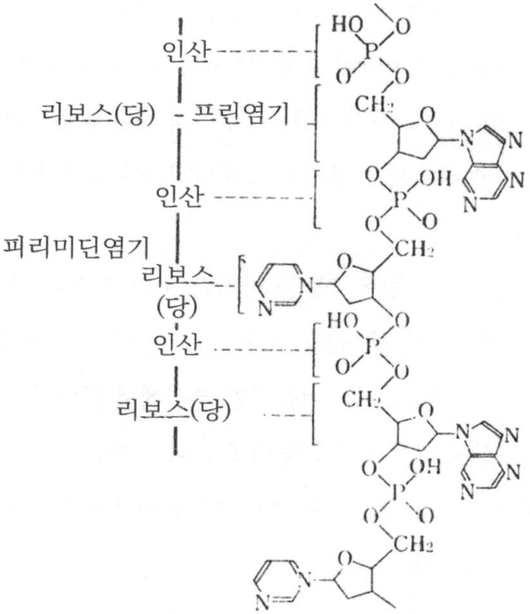

그림 19-2 | 핵산의 기초 구조

도 불리는 물질이다. A, B₁, B₂, 니아신(niacin), C, D, E의 종류가 있어서 각각 건강 유지에 중요한 역할을 한다. 이 중에서 A, D, E의 세 가지는 유용성(油溶性)이나 B₁, B₂, 니아신, C의 네 가지는 수용성(水溶性)이다. 유용성 비타민은 지방조직에 저장되지만 수용성의 것은 늘 식사에서 공급하지 않으면 안 된다.

핵산은 생명물질로서 특별히 중요한 의미를 지닌 단백질이라 할 수 있을 것이다. 생물은 동식물을 가리지 않고 무수한 세포로부터 구성되어 있느데 그들 세포는 원형질(原形質)로써 이루어져 있고 원형질의 중심에 있는 뭉쳐진 부분을 핵(cell nucleus)이라 부른다. 원형질의 성분이 핵산(nucleic acid)인데 핵산은 마치 아미노산이 연결되어 단백질이 구성되어 있듯이 뉴클레오티드(nucleotide)라고 불리는 단위 화합물이 연결해 있는 중합체(重合體)인 것이다. 핵산에는 두 종류가 있고 각각 DNA(디옥시리보핵산)와 RNA(리보핵산)로 불리

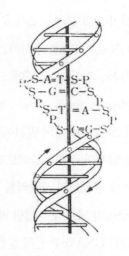

그림 19-3 | 핵산의 이중나선 구조

지만 DNA 쪽은 핵 속에 있고 RNA 쪽은 핵 이외의 부분의 세포질 속에 포함되어 있다.

　DNA도 RNA도 그 뉴클레오티드는 인산과 당이 번갈아가며 결합해서 이루어져 있는데 DNA 쪽의 당은 데옥시리보스(deoxyribose) 그리고 RNA 쪽의 당은 리보스(ribose)이다. 이 당에는 네 종류의 염기가 결합되어 있다. 이 두 핵산 중 RNA는 그 세포의 단백질 합성을 지배하는 기능을 하는 것이고 DNA 쪽은 RNA에 자신이 가지고 있는 유전정보를 주어 특정 단백질을 합성하게 하는데, 나아가서 DNA는 생식에 즈음하여서는 그 유전정보를 그대로 자손에게 전달하는 기능을 수행한다. 즉 DNA가 곧 유전자(gene)

인 것이며 그 분자구조가 유전정보라 하겠다.

DNA는 그것을 구성하는 뉴클레오티드의 연쇄가 「이중나선의 구조」를 가졌다는 것이 1953년에 크릭(Francis Harry Compton Crick, 1916~2004)과 왓슨(James Deway Watson, 1928~)에 의해 발견되었는데, 이것은 생화학에 있어 20세기 최대의 발견이라고 일컬어진다. 이 이중나사구조라는 것은 두 개의 별개의 폴리뉴클레오티드의 끈이 늘어서서 두 염기 사이가 수소결합에 의해 결합되어 사다리를 비틀어 놓은 듯한 형태로 되어 있다.

생물의 세포가 분열할 때 생성된 딸세포는 각각 그 생물체의 모든 세포가 갖는 DNA와 완전히 같은 구조의 DNA를 그 속에 낳는 것으로, 그 경우 DNA의 두 개의 폴리뉴클레오티드 끈은 수소결합이 벗겨져서 각각 분열된 세포가 끼어들게 되는데 한 개가 된 끈은 세포질 속으로부터 새로운 파트너를 발견하여 또 본래와 같은 이중나선을 만든다.

이리하여 생물은 핵산 DNA의 분자구조를 바탕으로 하여 그 패턴으로부터 거시적인 모습이나 성격이 형성되는데 만약 DNA의 분자구조에 열이나 방사선에 의해서 변화가 일어나면 그 생물에 돌연변이(mutation)가 일어나고 그것이 진화로 이어지거나 하게 된다. 그래서 만약 인위적으로 어떤 생물의 DNA 속의 특별한 원자단에 변화를 주거나 어떤 성질이 알려져 있는 뉴클레오티드를 DNA 속에 짜넣거나 하면 그 생물에게 특별한 성질을 주거나 할 수가 있을 것이다.

유전자공학(genetic engineering)은 이 현상을 응용하여 대장균이나 고초균(枯草菌) 등의 박테리아의 유전자를 변화시켜서 특수 약품 등을 만들어

내는 성질을 부여하여 그것을 배양해서 그 약품을 제조하려는 것이다. 이를테면 대장균의 유전자 재조합(遺傳子再組合; gene recombination)으로 인슐린의 대량생산을 가능하게 한다든가 바이러스 병을 치료하는 인터페론 (interferon)을 제조하는 기술은 오늘날 이미 실용 단계에 와 있다.

또 이 방법은 화학공업의 프로세스를 간이화한다든가 광산의 금속제련에 이용한다든가 넓은 분야에서의 응용이 연구 중에 있다.